行星
公转和自转
的原理
刘东风 刘映滔 ◎ 著
AF226267
DIXIE W PUBLISHING CORPORATION U.S.A.
美国南方出版社

行星公转和自转的原理 / 刘东风、刘映滔 著

封面设计：诚大成大

The principle of planetary revolution and rotation © 2019 by Dongfeng Liu

Published by
Dixie W Publishing Corporation
Montgomery, Alabama, U.S.A.
http://www.dixiewpublishing.com

本书由美国南方出版社出版
▪ 版权所有　侵权必究 ▪
2019 年 11 月 DWPC 第一版

Library of Congress Control Number: 2019952683
美国国会图书馆编目号码：2019952683

ISBN-13: 978-1-68372-216-8

作者简介：

　　该书第一作者系中国郑州大学 77 级数学系计算技术专业学生，1982 年毕业，获理学学士。第一作者长期致力于科学试验和发现，在长期的研究和大量的文献查阅中，发现了牛顿万有引力的局限和漏洞，并随之展开了深入的研究和探索，建立了大量的数学模型，终于通过严谨的科学计算和验证，对牛顿万有引力定律这一圣典提出了质疑，并大胆地提出了富有挑战性的新理论，该理论可以对太阳系行星的运动和变化、地球为什么会自转、生命是如何产生的、物质为什么会有记忆功能、月亮的前世今生等等众多的世界级问题和难题，给出具有说服力的解释。

　　该书的第二作者，系第一作者的儿子，理学学士，2006 年 9 月至 2010 年 6 月，就读于河南农业大学生命科学系，他协助第一作者完成此书。

目　　录

第一章 引言

第二章 吸引力的作用点在哪里？

第三章 电磁感应现象背后的原始动力

第四章 开普勒行星运动定律引发的问题

第五章 对牛顿万有引力定律的重新思考

第六章 若干实验事实

第七章 单极子的二重性

第八章 对人们身边一些自然现象的新解释

第九章 对地球内部结构的重新认识

第十章 地球磁场的来源

第十一章 太阳系行星运动新解

第十二章 双星系统

第十三章 太阳系给出的几个谜语

第十四章 月亮的前世今生

第十五章 牛顿万有引力定律的缺失

第一章 引言

1-1 最古老的问题

人类从诞生到如今，已经走过了几百万年，从原始文明时期，人们就已经知道天在转动。到了几千年前的农业文明时期，在国外有太阳围着地球转的地心说，在中国有天圆地方之说，大约在 500 年前，又出现了日心说。总之自从有了智慧的人类以来，对于是天动、还是地动的问题，在不同时期早就有了不同的认识，只是后来的时期，总比前一时期的认识能更上一层楼，更接近事实真相。但是时至今日，天为什么会动，地为什么会动，天是怎么动的，地是怎么动的，我们并没有看清事情的缘由，对于已经进入现代文明的人类而言，这些仍然是一个个解不开的谜，以至于在科学界若称第二，没人敢称第一的牛顿，都只能望天兴叹，无奈地把地球的自转之功归于上帝之手。古往今来，有无数科学界的菁英试图站在牛顿这个巨人的肩膀上，找出地球自转的原因，揭开这个千古之谜，结果都是乘兴而来，败兴而归，毫无建树。难道真是这个客观现实不可认识吗？亦或所有人，包括牛顿这个科学界大神般的天才级人物，从一开始就走到了一个错误的道路上？带着对这个问题的反思，作者试图从初始就以不同于前人的新思维方式，不是站在巨人的肩膀上，而是站在与巨人同一起跑线上，对物体的万有引力进行重新认识，以此来试图发现地球公转、自转产生的原理，找到打开藏有自然宝藏密室之门的密码钥匙。

1-2　和牛顿站在不同的苹果树下

现如今，在牛顿盛名的影响下，每一个人当看到树上掉下来的苹果时，都会联想起牛顿发现万有引力的轶事，但是有几个人会和牛顿一样，去思考苹果为什么会往下掉，而不是往上升？地球与苹果之间的吸引力，是地球单方面的吸引力，还是地球和苹果之间相互吸引？若是地球和苹果双方互相吸引，那么为什么不是地球往苹果方向靠，而是苹果往地球方向靠？如按牛顿万有引力定律所言，地球与苹果互相吸引，吸引力大小相等，方向相反，那么应该是苹果与地球保持在一个距离上不变才应该呀，为什么苹果会向地球方向移动呢？这些看似幼儿园或者小学生才会提出的问题，即使头上顶着亮丽耀眼头衔的人们，有谁斗胆认为自己一定可以给出经得起连续几个逐渐深入提问的正确答案呢？若一个人只知道继承知识，而没有在继承和掌握了已有知识之后，再回过头去以带批判的眼光，去审视评论自己所学知识的正确性、完整性；没有经过自己旁征博引和创新的思考，面对熟视无睹的问题，你所给出的答案，很可能和大多数人给出的答案一样，都经不起再深入多问几个为什么的考核。本书的立意，就是要用与牛顿对苹果从树上掉下来这个问题不同的思维方式，来试着一步一步解释万有引力的真正含义，并给出行星公转和地球自转的原理。

既然已经有了经典的牛顿万有引力定律，为什么要再费精力和时间重新讨论万有引力问题呢？因为牛顿万有引力定律除了不能解释地球为什么会自转外，还有许多自然现象无法解释，诸如：月球为什么会有天秤动（也有称天平动）现象，双星系统为什么会有相同角速度的同心圆运动，行星为什么会有远日点、近日点，行星为什么在近日点会产生进动等等。所有这些有关万有引力的自然现象都无法从牛顿万有引力定律中得到合理的解释，说明牛顿的万有引力定律本身存在缺陷或问题。基于对牛顿万有引力定律存在不尽人意之处的判断，那么通过由此定律推出的一些结论，就不可避免的会存在问题。例如经牛顿万有引力定律的计算，得出了地球的质量，通过这个质量又推导出了地球的内部结构，即现在教科书上所讲述的：地球有一个固体的铁镍合金内核。这个基于牛顿万有引力定律构建出的地球内部结构，就成了地质学、气象学的理论基础，当地质学家、气象学家，把地球的内部结构作为他们专业教科书的座右铭后，再去面对今天的地质变化、气候变化时，他们都无法给出合理的解释了。例如地球表面近些年，许多地方出现了非地震原因引发的天坑现象，地质学家们不知为何会发生这种事情；静稳天气的大量出现，雾霾天气的频繁光临，让所有的气象专家感到问题十分复杂，最后只能通过非专业的理论，也就是选用通常的数理统计的方法，去猜这是什么原因造成了气候变化，而不是通过专业理论进行逻辑推理，得出气候变化的真实原因，从而正确指导人类该怎样去做，才是有效的应对之道。

第二章 吸引力的作用点在哪里？

2-1 物理学中的填空题

物理学中的力，具有三个要素：力的大小、力的方向、力的作用点。这三要素缺一不可，否则施加作用力的一方（这里称作甲方），就无法完成对受力方（这里称作乙方）的运动状态或形状进行改变这个目的。吸引力这种表面看似非接触型的力，既然拥有力的表现，也就是存在着物体甲吸引物体乙向甲的质心方向移动这个客观事实，那么吸引力也应该拥有力的三要素。这个吸引力的大小和方向我们都可以很容易找出答案，但是物体甲对物体乙这个吸引力的作用点在哪里？难道这种非接触型的力真的不需要作用点吗？当真要把力割裂成有作用点和没有作用点两种完全不同意义上的力吗？

自从牛顿发现物体之间存在着相互作用的万有引力三百多年来，包括牛顿本人在内，无数物理学方面的研究人员，有谁可曾指出过，一个物体对另一个物体吸引力的作用点在哪里？本书作者大概属于孤陋寡闻之列，没有听说过。在牛顿那个年代，受科学进程的历史阶段所局限，人们对物质结构的认识较为肤浅，无法领悟吸引力的作用点在哪里，牛顿回避吸引力的第三个要素不提，这是完全正常的事情。回避不提吸引力的作用点，不代表吸引力不存在作用点，科学技术发展到二十一世纪的今天，人们对物质内部结构的了解，早已比三百多年前的牛顿时代清晰的多、深入的多，但今天我们的科学界仍然对牛顿留下的吸引力第三要素——作用点，这个需要填写内容的空白栏（________），依旧保持着空白，这可能就是当今物理学界的现状，也是物理学理论研究上停滞不前、并让科学家们面对此空白栏茫然的一个事实。

2-2 地球和地球上各种物质之间的关系

2-2-1 地球上各种物质，无论是液体（例如：水）、固体（例如：沙石、草木）、或者我们看不到的空气（例如：氢气、二氧化碳）等等，这些大小、形态、性质完全不同的物质，它们之间的共同之处是什么？它们可以被找出的共同之处，大概只有都在同时承受地球吸引力的作用了。这说明吸引力吸引的不是物体可见的有形外观，不是保持物质化学性质的最小颗粒——分子，也不是化学变化中的最小颗粒——原子，因为不同的原子都在受地球吸引力的作用。那么地球对地表以上物体吸引力的作用点，应该是在比原子更小的物质身上。什么是比原子更小的物质？众所周知，电子和原子核共同组成了原子，也就是说电子和原子核是比原子更小的物质，我们所看到的一切不同物质，都是由原子核和电子组成，原子核又是由质子和中子组成，质子带正电荷，中子不带电荷，电子带负电荷，地球吸引力最有可能吸引的是中子、质子和电子中的一个或几个。

2-2-2 人不论身处东西南北、不分男女老幼、不分种族肤色，都存在人体静电现象，现在主流科学理论对人体产生静电的解释是：人体行走与地面摩擦引起人体的静电，以及人体运动与身上穿的衣物摩擦产生了人体静电，然后这些静电积累起来就产生了较高的人体静电压。这两种解释只能在人体静电比较低时还有些道理，但无法解释人体经常可能携带几千伏，甚至会携带上万伏的人体静电压[1]，因为人体与任何东西摩擦如果产生了几千伏的正静电压，那么参与摩擦的对方也一定会带几千伏的负静电压，这样两者在平常的接触摩擦中早就会彼此吸引，自动消除这种正负电压差了。我们以往在课堂上所做的摩擦产生静电的实验，都有时间限制，也就是时效性很强，实验在短时间内有效，摩擦后时间等的稍长一些，就不再显示静电吸引特性了，也就是通过摩擦获得许多电子的物体，也会很快丢失电子，至今都没有很好的理论能够解释摩擦起电过程中产生的电子流到了哪里[2]。所以由摩擦引起的静电，只要停止摩擦，就只能自然衰减，而不会不断的积累，仅靠人们自然行走产生的微弱静电，更不可能迭加到几千伏、甚至上万伏的高压。如果按照摩擦产生静电并且不断积累，使人体产生了高压静电的解释，顺势推理一下，那么应该得出每一辆自行车都会变成超高压带电体。因为自行车在快速运动中定会因有摩擦而产生静电，橡胶轮胎与地面绝缘可以维系静电不被释放，轮胎起到了与鞋子相同的作用，车体的静电压不断迭加，不用很久每一辆快速运行的自行车都会变成携带超高压静电的物体，当有人触摸此刻的自行车时，应该会被高压静电所电击到。事实上现实中任何人，包括提出摩擦引起人体静电，并且不断积累迭加理论的所谓专家本人，都不曾有过这种被自行车电击过的经历，也就是说用摩擦引起静电的现象，照搬过来解释人体存在高压静电的事实是不正确的。那么人体的高压静电是如何产生的？这就需要从摩擦引起人体静电之外的途径寻找答案了。

2-3 一个物体具有吸引力吗？

2-3-1 在牛顿万有引力定律的描述中，他讲到在两个物体之间存在着相互吸引的力，这个吸引力与两个物体质量的乘积成正比，吸引力的方向在两个质点的连心线上。那么仅考虑一个物体，它是否具有吸引力呢？这样提问似乎有背经典物理学中对力的定义，因为力的含义就是包含了施加力的一方和受力的一方。但是对于吸引力来讲，它已经超越了我们熟悉的经典物理学的范围，因为在所有物理学的理论中，我们的课堂上老师都在教、学生都在学、实际中也在应用力有三个要素，但有哪一本教科书、哪一篇论文、哪一个专家教授指出过吸引力的作用点在哪里？所以我们再用现有的理论去解释超出理论之外的现象，就如同牧马人想用套马索套住一头奔跑的大象一样注定会失败的。客观现实告诉我们，只能用超越传统的思维和方法，来研究至今依然是犹抱琵琶半遮面的吸引力现象，才可能对吸引力有一个全面正确的认识。

2-3-2 如果一个物体没有吸引力，那么两个没有吸引力的物体，或者说两个吸引力都为零的物体，一般来讲，将他们放在一起也不应该有吸引力；反之，两个物体之间具有吸引力，那么一个单独的物体具有吸引力的可能性应该很大。吸引力也是一种力，凡是力，都是具有大小和方向的向量[3]，因此单个物体的吸引力，也都是具有大小和方向的。一个单独物体，它的吸引力大小和方向会是如何呢？我们下面看两个实例：

例 1：太阳作为一个单独存在的物体（可视为质点），他有吸引力吗？毫无疑问，太阳作为太阳系的主宰，他不仅有吸引力，而且太阳系内所有的行星在太阳的吸引力作用下，都按一定的规律，围绕着太阳在旋转，太阳的固有吸引力，不会因为地球或某个行星的不存在而消失；太阳的吸引力方向是指向他自己的球体中心（质心）。

例2：地球作为一个单独存在的物体（可视为质点），他有吸引力吗？答案也是肯定的，我们人体，以及存在于地球上的所有物体，都被地球的吸引力所吸引，使这些物体粘贴在地球表面或漂浮在地球表面的近空。地球对所有人体的吸引力，不会因为某一个人的消失而失去了地球这部分固有的吸引力，也就是说，地球的吸引力是一个完全独立的客观存在，不被地球自身以外的物体来决定它的吸引力是否应该存在。众所周知，地球的吸引力方向是指向地球的中心（质心）。

2-3-3 太阳、地球、以及所有星球都具有吸引力，这些星球的吸引力都是指向他们自己球体的质心，所以我们可以把这些具有吸引力，而且吸引力的方向指向自己质心的物体称为单极子。单极子的特性就是他只有一个极点，这个极点就是它的质心。单极子的吸引力方向指向自己的极点，一个球形单极子的吸引力大小，以它的极点为中心对外形成球状递减的发散状态。这一点，从地球表面到数百千米高空的空气密度分布情况可以作为例证。由于不同单极子拥有不同的极点，所以任意一个单极子的吸引力方向，与其他单极子的吸引力方向必然不同，不仅方向不同，而且因为各自都呈现球状的原因而一定相反，包括与其他任何独自一个单极子、以及群体单极子的合成吸引力方向均相反。或者表述为：所有单极子都拥有相同极性，同极相斥的自然法则也适用于单极子，所以可以推出所有单极子都是相斥的关系。由这个单极子定义和它们具有的性质为出发点，我们惊奇的得出一个颠覆我们从现有书本理论到抽象思想上的固有认知，即太阳和地球之间，他们两者首先是相互排斥的关系，到此我们仅作为一个楔子暂时钉在这里就此打住，请允许在后面的章节再详细讨论。那么一个星球（物体）的吸引力表现形式是什么样的呢？这也是我们本章后面要进一步讨论的内容。

2-4 吸引力的大小与物体自身的温度有关吗？

中国科学院资深研究员范良藻教授，在《中国工程科学》杂志上发表了"一些金属材料的称重为何升温后减轻降温后变重"的试验报告[4]，以及冯劲松、范良藻"关于金、银、铜、铁、铝、陶瓷等物质温度升高后重量减轻、温度降低后重量增加的实验报告"[5]，实验内容都是取几个金属外加非金属实验材料，对它们同时进行由常温到较高温度的条件下，试验材料重量的变化情况，以及另取几个实验材料，将它们先放置在低温条件下，然后再放置在常温下，让它们自然恢复到室温。这若干次实验结果都表明，参与实验的金属或非金属物体温度升高时重量减轻，温度降低时重量增加。这几个实验表明，物体的重量，也就是地球对这些参与实验的物体的吸引力，与这些接受试验物体的自身温度有直接关系。具体说就是，这些参与实验的物体承受地球吸引力的大小，与该物体本身的温度高低成反比，物体温度高，地球对该物体的吸引力就小，物体自身温度低，地球对该物体的吸引力就大。每一个参与实验的物体都有自己的质心和独自的吸引力，它们都是独立的单极子，单极子的特性决定了，彼此之间是同极相互排斥的关系，因此它们对于地球而言首先也是排斥的关系。这几个实验结果就告诉我们，犹抱琵琶半遮面的吸引力，在被遮掩的那一部分中，有当今科学界还没有认识到，或者说还不了解，甚至是误解的新规则，这就是：物体自身的温度也是组成物体吸引力的一个重要因素。

这个现象与牛顿万有引力定律的前提条件之一，即牛顿万有引力定律认为两个物体之间的吸引力与两个物体的化学组成无关的判断是相左的。请问当今世界上有哪一位科学家或者实验室可以给出，或者已经给出了两个物体之间的吸引力，与它们各自具有的温度高低无关的实验证明吗？如果没有，或者别人的实验再现了与范良藻教授他们相同的结果，那么就可以肯定，牛顿万有引力定律对物体吸引力与两个物体的化学组成无关的判断是存在偏差的。

2-5 物体固有吸引力的大小

一个物体至少具有三个最基本的要素：1）质量；2）平均绝对温度；3）形状。在牛顿的万有引力数学模型中，他始终考虑的是两个物体之间的吸引力，所以他的万有引力数学模型，就聚焦在两个物体的质量、和它们之间的距离这两个因子上面。但基于前面所提及的范教授他们的几个实验表明，在描述两个物体吸引力的数学模型中，只考虑物体的质量和距离是不够的，会引起较大的偏差而远离客观事实，还要考虑温度这个因子作为量纲中的一员。相较于物体的质量和温度，物体的形状对该物体的吸引力影响程度最小，尤其对于球体而言更是如此，为了不至于使问题过于复杂，所以我们在以下的讨论中，有意忽略物体的形状因素而不计。因此我们分析一个物体本身所固有的吸引力，除了考虑它的质量大小，还要增加考虑它本身具有的平均绝对温度这个重要因素。该物体的质量越大，它的吸引力就越大；相对于物体的质量是一个较固定的因子，物体本身具有的绝对温度，则是一个随时间和环境变化可以不断改变的因子，这就自然引导出，一个质量不变的物体吸引力大小是可以改变的，这主要取决于物体当时所具有的平均绝对温度，它的平均绝对温度越高，它的吸引力就越大；它的平均绝对温度越低，它的吸引力就越小。

2-6 物体引力场强度的大小

接触型力（如：摩擦力）发挥作用的过程中，是需要两个物体同时参与的，一个是施加力的一方，一个是受力的一方。但是作为像太阳、地球这种天体，拥有的非接触型吸引力，无论其他物体存在与否，他们自身的吸引力都是一直存在着的，那么他们的吸引力是依照什么形式表现出来的呢？这个问题不难回答，这些单极子的非接触型吸引力，是靠它的引力场的形式显示其吸引力方向和大小的。一个物体甲的引力场强度越高，当有另外一个物体乙出现时，甲的引力场就会对乙施加越强的吸引力；一个物体甲具有的引力场的强度越弱，当另一个物体乙出现在物体甲的引力场范围之内时，甲对乙施加的吸引力也就会越小。由于本书作者认为，物体自身温度的高低，对物体所具有引力场强弱的影响程度，要远大于它相对固定的质量对该物体引力场强弱的影响程度，所以作者给予物体温度的权数，要远大于质量所具有的权数，这样作者就定义：一个物体的引力场 F 的大小，与该物体的质量 M 和它的平均绝对温度 K 的某一函数 $f(K)$ 的乘积成正比例关系，平均绝对温度的函数 $f(K)$，是一个比平均绝对温度的平方（K^2）的变化率更大的函数，此函数的具体表达式，需要一些实验和观察测量数据来确定。具体说就是某一物体 A，具有质量 M，在某一时期它的平均绝对温度为 K，那么该物体在这一温度条件下的引力场 F 总能量的大小为：

$$F_A = M_A \times f(K_A) \qquad\qquad （公式 1）$$

其中：F_A 为物体 A 的引力场总能量，单位是：kg•K（千克•卡），方向指向自己的质心；M_A 为物体 A 的总质量；K_A 为物体 A 在某一时间段的平均绝对温度（$K_A > 0$）；$f(K_A)$ 为物体 A 关于它的平均绝对温度 K_A 的函数关系式，$f(K_A)$ 是比 K_A^2 的变化率更大的函数关系式，例如：$f(K_A) = e^{K_A}$。对温度 K_A 求导数， $df(K_A) = de^{K_A} = K_A \times e^{K_A-1} > dK_A^2 = 2K_A$（当 $K_A > 1$，即绝对温度高于 1 度 K）。

物体 A 在空间中的引力场，是以物体 A 的质心为单极子的极点，向空间呈球状均匀递减散发，形成物体 A 的引力场。

2-7 蜡烛和白纸的故事

2-7-1 在一根燃烧的小蜡烛（或者高温电烙铁）附近，如一厘米左右，竖一张白纸，很短时间内，靠近火苗的部分就会变黑。这说明：白纸变黑的部分，其物理结构中的绝大部分电子被等离子体的高温物质所吸走，只剩下主体为碳元素的残余物了。通过这个小实验表明，单极子散发出的热量和它具有的吸引力是一个事情的两个不同表现形式，是一个统一的整体事件。这个热量与吸引力是统一体的特性，不仅证明了我们对物体引力场定义中包含热量因素的正确性，而且还为后续我们要解释的许多自然现象提供了客观依据。小蜡烛火苗就是一个单极子，物质形态是等离子体，尽管质量很小，但温度很高，可达到 500℃（等于绝对温度 773.15K）之多，根据我们定义的引力场能量计算公式：$F_火 = M_火 \times f(773.15)$，尽管 $M_火$ 的质量小到近乎于零，但 $f(773.15)$ 的数值则比 773.15^2 还要大许多，$M_火$ 与 $f(773.15)$ 的乘积，则仍是一个相当巨大的数值，即 $F_火$ 的引力场强度大到可以使附近一厘米远处纸上原子核外的电子，被 $F_火$ 的引力场产生的吸引力吸走，使之脱离原来原子核的束缚。若把小蜡烛火苗，换成是一个 500 千克、甚至 5000 千克重的铅球，让该铅球维持在 100℃，那么这个铅球单极子的吸引力，能够在同样短或者更长一些的时间内，把 1 厘米远的一张白纸上的电子吸走变黑吗？答案肯定是：不能！为什么质量比火苗大几千万倍，甚至更多，拥有 100℃ 的铅球，还没有一个比铅球只高了 400℃ 的小火苗吸引力大？这就是物体的温度对吸引力的影响，要远比它的质量的影响大的多。一个单极子（物体）自身的温度对它拥有的引力场强度的影响是：在本身温度较低时，对该单极子吸引力变化影响较小，一旦温度向上攀升，则该单极子的吸引力将急剧增大，这也是作者为何要选取某一高变化率函数 $f(K_A)$ 为因子，而不是采用 K_A^2，因为 $f(K_A)$ 的变化率要远比 K_A^2 高，即：$(K_A^2) \div f(K_A) \to 0$，$K_A \to \infty$（当 K_A 温度向上升高时），只有这种高变化率函数，才能较准确表达为何一个小蜡烛的火焰，就能产生与其质量大小完全不对等的吸引力。

2-7-2 只有遵循某一个高变化率函数，才能解释宇宙中，黑洞为何能有如此巨大的引力场去主宰众多的恒星系。黑洞所具有的强大吸引力，并不主要是来自他有限的质量，而是因为他拥有极高的温度。可能某一个黑洞的质量，并不比他势力范围内的某一恒星质量大多少，但他拥有在他的势力范围内最高的温度，所以一个黑洞可以成为它所在的空间区域内的核心，让许多个恒星系统围绕着自己旋转。由此也可以推测出，当今科学理论界提出的暗物质和暗能量的假说，是对吸引力未知部分的一个误判，也就是我们尚未认识到的物体的热量，也是产生物体吸引力的一个重要组成部分。正是物体的温度产生了额外的吸引力，让科学家们基于只有物体的质量才能产生吸引力的不完整理论，误判认为一定存在着看不见的物质（暗物质）发出了现有理论解释不了的超额吸引力。一旦全面认识了物体吸引力的真实内涵，即物体的吸引力包含物体的质量和温度两部分共同组建而成，所谓的暗物质迷雾就会立即烟消云散。

2-8 吸引力的作用点就是电子

通过人体产生静电现象、蜡烛把纸张碳化的现象，摩擦产生的电子丢失现象等等，我们可以推出：一个物体对另一个物体的吸引，实际是在吸引组成另一物体肌体上的电子，也就是物体甲吸引力施加在物体乙的身上时，这个吸引力的作用点是作用在组成物体乙肌体中所有的电子身上。一旦明确了吸引力的作用点是在对方物体中拥有的电子上，那么许多现实中的问题都会得到新的认识和新的解释，更会有许多与之有关的科学未解之谜得以解开。

2-8-1 为什么相同体积的一块铁比一块木头要重？我们现在的解释是铁比木头的密度大。但是一块大体积的木头为什么会比一块小体积的铁块重？是因为大块木头的质量比小铁块的质量大，这时再讨论两者的密度已经没有意义了。当我们基于吸引力的作用点是组成物体身上的电子这个新的理论时，木头和铁比较谁重谁轻时，判断的根据就很简单了。铁块比同样体积或者稍微大一些的木头拥有更多的电子，这些多出的电子要受地球吸引力的吸引拉扯，就比作为样本参与比较的木头所受吸引力的作用点更多，所以就会有铁块比木块重这个当然的结果了；但是当木头体积足够大，拥有的电子数量超过了体积较小的铁块时，这个大体积木头的重量就会比小体积的铁块更重；当铁块与某一体积的木块一样重时，此时两个不同性质的物体就拥有相同数量的电子，在拥有相同数量电子的前提下，任何两种不同性质、不同形状的物体，在两者自身温度相同，处在相同强度的引力场中，他们所表现出的重量就会是相同的。

2-8-2 物体在保持物质性质不变的分子级别，如果分子受到外力作用处于可以移动的状态下，拥有少量电子的分子，接受地球吸引力的作用点较少，就会被其他拥有较多电子的分子所排挤而被迫向上移动。例如气体状态，氢气为什么可以上浮，因为氢分子只拥有两个电子，其他气体（稀有气体氦也有两个电子）都拥有两个以上的电子，所以氢分子受地球吸引力的作用点最少，在低空拥挤的空气中氢分子就被排挤着向上漂浮，当氢气上升到一定的高空，空气之间不再拥挤，氢气也就会停止上浮。人们所喝的鸡尾酒，也是不同性质液体的分子中拥有不同数量的电子，由于这些不同性质液体的分子受到地球吸引力作用点的数量不同，让它们有机会可以保持在彼此相对独立的高度（层面），成为好看的分层次的鸡尾酒。人们开采含铁矿石炼钢铁，也是把矿石高温熔化变成液体，让不同的物质可以自由流动，使拥有比较多电子的物质，和其他物质分离开，达到只收取铁物质的目的。以往我们说物体 A 比 物体 B 重，都要从体积、密度两方面考虑后，才能比较两个物体的重量，当我们了解了吸引力的作用点是组成物体的电子后，就可以直接判断物体 A 比物体 B 的重量要重，说明物体 A 拥有比物体 B 更多的电子数量。我们也可以解释一个大木头经过高温燃烧后剩下了一块黑木炭变得很轻了，这种变化是因为在高温下，木头中的电子被加热增加了原子内电子的能量，使电子轨道半径加大，远离了原子核的束缚范围，此时地球吸引力对这些电子的作用力要大于原子核对这些电子的束缚力，地球吸引力就在这个瞬间把电子吸走了，只剩下没有作用点的原子核，地球的吸引力失去了作用点，剩余的物质就只有质量没有重量，所以也就十分轻了。也就是说，木炭中少了电子这个吸引力的作用点，尽管剩余的物质原子核仍然存在，但地球的吸引力也难以对原子核发挥作用了，木头燃烧的越彻底，残留的电子越少，剩余下的木炭就越轻。

2-9 化学反应的原动力

2-9-1 我们认清了吸引力的作用点是电子，那么我们就可以解释某些化学反应的原理了。一种物质处于稳定的状态，在正常温度条件下，它通常是保持着固有化学特性，当该物质被加热后，它所有的原子核外的电子能量都被加大了，也就是原子最外层的电子离开原子核的距离比正常情况下增加了很多，此时就增加了地球吸引力吸走其最外层电子的可能性，或者说是必然性，一旦最外层的某个电子被地球引力所吸走，就出现了教科书上所说化学键的断裂，那么该原子或分子就立即显示出带正电性，这时若有某一个不同元素的原子在旁边，这个带正电的原子或分子就会吸引或者捕获另一个不同性质的原子或分子最外层电子与之共享。实际上它丢失了多少电子，它就会呈现多少正电荷能量，也就会从外部再抓获多少个电子补充上，以便自己保持相对中性，当它抓获的是原本属于不同性质元素的电子时，两个不同性质的原子或分子都拥有某一个、或者多个共同的电子，这个（些）电子就成了两个不同性质的原子或分子的共有电子，这样就产生了两种不同原子或分子之间新的链接，也就是新化学键诞生了。这样两个原本不同性质的原子或分子，因为共同拥有一个或者多个电子而结合在一起，就生成了一个具有新的而且又是有稳定化学特性的分子，这就是我们常常见到的化学反应。因此我们就可以说，化学反应中化学键断裂的力量来自外部地球的吸引力，化学键生成的力量来自原子或分子内部的静电吸引力。

2-9-2 我们说化学反应中，化学键断裂的力量来自地球的吸引力，那么化学反应过程中的加热条件，就是在为地球吸引力吸走被加热物质中的电子营造环境。若某个属于单独一个原子或分子的电子被地球吸引力所吸走，则只有这一个原子或分子呈现正电性，这时化学反应就显示较为缓慢，当某个同时属于两个原子或分子的电子被地球吸引力所吸走，此处原来的化学键就断裂了，化学键一旦断裂，原来处于中性的两个原子或分子就会变成两个带正电的离子，这新变成离子的原子或分子都具有了对外的静电吸引力（库仑力），这两个对外拥有静电吸引力的离子，就会主动寻找、吸引别的电子，达到使自己变回电中性的稳定状态，这时的化学反应程度就显示比较剧烈。这样我们就可以解释为什么加热对许多化学反应来讲是必要条件了，因为加热的目的是为了加大原子或分子外层电子的运动半径，以便为地球吸引力将远离了原子核的外层电子吸走创造条件。一旦地球吸引力制造出了原子丢失电子或分子化学键的断裂，原来的原子、分子的电中性被破坏，显示出正静电性，这些带正静电的分子、原子就会立即吸引别的分子或原子的电子来充当自己的电子，以消除自己的正静电性，如果新抓到的这个电子原属于不同性质的原子或分子所拥有，那么新生成的这个电中性的原子或分子就会发生性质上的一些变化，这个性质上的变化，宏观上观察就是我们称之为的化学变化。

2-10 姆潘巴现象的新解释

2-10-1 把一杯凉水和一杯开水同时放在冰箱的冰冻室内，温度高的开水会先被冻成冰块，这个颠覆人们直觉判断的客观事实，是坦桑尼亚的一位名叫姆潘巴的中学生首先发现的，所以这个反常识的现象，就被科学家们称作姆潘巴现象。

2-10-2 为什么会出现高温的开水比凉水更快的结冰呢？这是因为开水里水分子中，氢原子和氧原子内的电子都被加大了能量，即每一个的原子核外的电子，距离原子核远了，地球的吸引力就很容易把它们的核外电子吸走，地球的吸引力不仅吸引水中氢、氧原子的电子，同时也吸引空气中各种空气分子内原子核外电子，这些冷冻室里空气所含电子的温度都是 0°C 以下的，这些冷空气的电子被地球吸引力吸离了原来原子核的束缚，在垂直向下朝地心运动时，如果这些低温电子正好穿过开水杯，开水杯内丢失电子后变成带正电的原子、分子就会截获低温电子，以便让自己变成电中性。同样冰箱外面上部空气分子中的电子，有些也会被地球吸引力所掠夺，在它们穿过冰箱，垂直向地球质心运动，路经开水杯时，已被冷冻仓降为低温的电子，也会被开水杯中大量丢失高温电子后，拥有静电能力的水分子中的氢、氧离子所抓捕，以便让自己从离子状态恢复到正常的中性水分子，这样实际上是完成了一遍高温电子到低温电子的快速置换。那些丢失的高温电子就是原来开水中的电子，而这些新置换上位的是来自别家的自由电子，它们通过冰箱冷冻室降温后与开水内的带正电水分子组成了新的中性水分子。对开水杯中的开水来说，水的内外都是高温，开水无论中心部位还是边缘部位，都会充满了带静电水分子，所以开水杯内电子的置换将是不分内外几乎同时进行，这样就会有内外同时结冰的现象。对于凉水杯中的凉水，与开水杯中的开水就是属于完全不同的情况，凉水杯中的凉水是水分子结构稳定的状态，凉水在冷冻冰箱中没有、或者说很少有水分子会被地球吸引力吸走电子而变成带电水分子，所以凉水在冷冻冰箱中变冷成为冰块，应该是靠低温传导，逐渐由外向内慢慢结冰，所以凉水杯中凉水的单向结冰速度，就会比开水杯中开水的内外同时结冰速度为慢。

2-10-3 遵循地球吸引力吸引的是物质中的电子这种理论，我们可以推测出开水杯中开水先结冰现象的几个特征：1）开水杯中结冰以后的水分子，已经不是原来开水时最初的水分子了，因为其中许多水分子中的电子，都是被外来电子替换过后重新组成的水分子；而凉水杯中的凉水则基本上还是原汁原味的水分子。2）开水快速降温、结冰，应该是内外几乎同步进行，其内外结冰的时间差相对较短；而凉水进一步降温、结冰应该是从水的四周外围，主要靠传导的方式逐渐向内推进，所以内外结冰的时间差较大。3）开水结冰由于会有大量高温电子跳出，提升冰箱冷冻仓的温度，所以要保持相同的低温不变，就要耗费更多的能源来阻止冷冻仓的温度快速升高，也就是单位时间内耗能较高；而凉水结冰费时较长，但是单位时间内较省能源。4）开水杯上部冷冻空间越大，水的温度越高，开水结冰的速度应该越快，这是因为有充足的低温电子快速置换被吸走的高温电子；而凉水结冰对冷冻空间的大小应该不敏感，因为它是靠温度传导，由外向内逐渐结冰，只需维持相同的低温即可。5）如果放入冰箱冷冻室的液体不是开水，而是热牛奶、热水果汁等有特别味道和颜色的液体，那么高温度的液体不仅会比同性质低温度液体的结冰速度要快，当结冰固体自然融化回到液体状后，人们会发现，这个融冰后成液体状的牛奶或果汁，无论味道还是颜色都会变淡了。这是因为电子具有记忆功能（下一章中会有解释），而许多记忆了原来液体特征的电子丢失了，补充进来的新鲜电子没有任何记忆的内容，所以原来的液体颜色和味道变淡了。这就是我们用地球吸引力吸引的是组成物体的电子这个新理论，给出的开水杯内的水，会比凉水杯内的水先结冰的解释。

2-11 原子核与地球吸引力

明确了地球吸引力是吸引其他物体身体中带负电荷的电子这个原理之后，我们也就可以推测出吸引力不吸引原子核内不带电荷的中子，同时也可以推测出地球吸引力还会排斥原子核内带正电荷的质子。这样我们对在地球上为什么火苗总是向上飞，而在太空实验室中火苗则是呈现球状的现象就有了全新的解释：一种物质，当它高温燃烧后，它的电子丢失的越多，它对外显示带正电荷的质子数量越大，它的正静电能力越高，它对地球的排斥力就越大。地面上任何物质燃烧后产生的火焰，都是组成物质的原子大量快速丢失电子的过程，正在燃烧的物质，一边丢失电子，一边在增加对地球的排斥力，也就是参与燃烧的物质在垂直地心的方向做排斥运动，即垂直地面向上移动，所以火苗总是向上运动。在太空中没有地球或其他星球的强烈吸引力，燃烧的火苗没有明显的排斥力方向，任何一个方向的排斥力大约相等，所以火苗就呈现圆球状。

依照吸引力的作用点在对方的电子身上的理论，我们还可以用主要由质子和中子组成的物质制造出少受、甚至不受地（星）球吸引力作用的反重力飞行器。

第三章 电磁感应现象背后的原始动力

为什么自然界会有电磁感应现象？以吸引力的作用点就是在另一物体的电子身上这个观点为基础，我们对电磁感应的现象就可以给出全新而且合理的解释。

3-1 电流的磁效应

3-1-1 通电导体周围会产生电磁场，是什么原理导致这种现象必然产生？当在一段导体中有电子大量定向运动，也就是导体中有电流通过时，这时就有两种事情发生。一个是，自由移动的电子存在被地球吸引力随时吸走的可能性，与没有电流的导体相比较，通电导体中会有许多电子丢失，就像一根水管中有水流通过，由于水管上有微小细孔，让水从管道的细孔中漏出了一些一样，这就会出现导体前段自由电子密度较大，地球吸引力吸走的电子数量会较多，后段自由电子因为前段的丢失，而会显示自由电子的密度降低，即电流强度会减小，这就是现在电学理论中的电阻发挥的作用，即欧姆定律表述的电压、电流、电阻三者之间的关系；另一个是，以导线为中心，形成的负电场，因为导线中出现大量带负电荷的自由电子，打破了导线原有的电中性。大量自由电子在一个导体中有序运动，从宏观层面上看这就会产生一个沿导体由头至尾、全流域的、不间断的、由强逐渐变弱的运动型负电场出现，只要电子流不断，就会保证运动的负电场在导体周围不会消失。由于通电导体周围形成的是一个运动型的负电场，客观上表现出，这样一个运动负电场中的某一点的方向并不是直接指向导体，而是遵循安培右手定则，即：将右手的大拇指指向正电荷移动的方向，再将四根手指握紧电线，则四指弯曲的方向就是磁（电）场的方向。对于某个放置于通电导体产生的电磁场中的物体 A，由于所组成物质中的原子核内电子带负电荷，并且原本所有电子运行轨迹杂乱无章，也就是量子力学中称之为的电子云，若将其放在一个由导体中电流产生的负电场中，物体 A 中的电子被所处的负电场所作用（排斥），这些电子的运行方向和轨道就会整体的发生一致性的变化，所有的电子运行方向和轨迹几乎都步调一致了，这些电子环绕原子核的运行轨迹在外部负电场固定方向的排斥下，都必然转换成与负电场一致的方向，使每一个电子绕行原子核的每一圈都有相同的离原子核最远的时候，当这些杂乱无章的电子轨道突然变得方向一致，每一个电子的运动方向与外部负电场方向相垂直的两个瞬间，也是离束缚自己的原子核最远和最近的时候，这时的这个原子就有了正负极的倾向。在电子绕至原子核的最远处时，带负电荷的电子就有机会向原子的外部显示自己负电场的存在，这时这个原子在此处对外就显示出负极倾向，与此同时原子核内质子的正电荷发出的正电场，由于外部电子的远离而使正电场在此时有机会外泄，所以当电子绕到离原子核最远处时，也是原子核对外显示正电场的时候。电子运动轨道在外界电场的塑造下，不停的在以这种固定方向运转，从原子的外部看，这个原子就有了正负两个极。因为物体 A 的所有原子都处在同一个电场中，都拥有相同的正负极方向，从宏观上看，这个物体 A 就有了正负极，电子远离原子核的地方是负极，另一方必然是正极。由于物体 A 内部所有原子内的电子并没有丢失，也没有电子流动，只是电子绕行原子核的轨道出现了有远有近的固化现象，所以我们就把这种呈现出正负极的物体称作被磁化物体，既然物体 A 在通电导体旁边被磁化了，那么人们就认为通电导体周围就一定伴随着产生了磁场，然后磁场进一步把物体 A 磁化了，其实从本质上说这是人们把电场的一个表现又另外取了一个名字。

3-1-2 如果一个物体在一个电场中被磁化后，去掉外部电场，该物体的所有电子仍然可以保持它们的运行轨道和方向基本不变，那么这种物质就是我们常常可以看到的磁铁、磁石等一类的物质，或者叫强磁性（铁磁性）物质；如果一个物体在一个电场中被磁化后，去掉外部电场，该物体的所有电子，或者部分、绝大部分恢复到它们原来杂乱无章的电子云运动状态，那么这种物质就是我们身边到处可以看到的绝大部分物质，或者叫弱磁性（顺磁性）物质。一个被做成长条形状的强磁性物体，将其放入一个强电场中，条形强磁性物体摆放成与电场方向一致的状态，经过一段时间，条状物体顺着电场方向的一端，由于受负电场的排斥作用，会呈现出负电荷倾向，也就是磁性物体的 S 极，磁性条状物体的另一端，会呈现出 N 极的特征，这时这个条状强磁性物体就变成了一个磁铁，这就是目前我们看到的通电导体将强磁性物体变成磁铁的现象。通电导体周围之所以能够产生电场，也就是所谓的"磁场"，那是因为通电导体内有大量自由电子存在，使得导体周围必然会产生负电场，一旦电子停止流动，所有多余的自由电子失去了电压的驱动，没有了固定的运动方向，只有被地球吸引力乖乖的吸引走，剩余的电子都会被原子核牢牢地控制在自己的周围，导体就不会再具有产生电场的条件，导体周围的电场就会立即消失，也就是人人都可以见证的"磁场"不见了。这里也直接解释了 2-2-2 小节中，摩擦引起静电产生的电子都流到哪里去了的问题，这些电子都被地球吸引力吸到地球质心中去了。

3-1-3 物体 A 在另一通电导体的电场中必然会有磁化现象，如果物体 A 是一个强磁性材料组成，那么它就会变成一个磁铁类型的物体，这个磁铁物体实际就是一个可以保持和储存前外部电场一部分能量的物体，该磁性物体所保存的电场能量是由将其变成磁性物体的前通电导体所提供。由于磁性物体存在着明确的正、负极，也就是众所周知的"N"极和"S"极，所以在磁性物体的两极自然就存在两个方向相反的电场。既然是电场，对电场中出现的电子就一定产生作用力，对磁铁的正极（N 极）来说，它周围存在的是正电场，正电场对带负电荷的电子就有吸引力；对磁铁的负极（S 极）来讲，它周围存在的是负电场，负电场对带负电荷的电子就有排斥力。

本小节的结论就是：1）通电导体由于电子在导体内运动，所以由电子发出的、形成于导体外的电场也会随电子的运动同向、同速度运动，所谓运动电荷产生的磁场应该是人们给这个运动的电场起的又一个名字；2）通电导体电流的逐渐减弱，是由于地球吸引力不断吸走电流中的电子而发生的必然结果；3）物体在一个电场中被磁化变成磁体后，磁体周围产生的是两个不同极性的电场，一个正电场，一个负电场，4）任何一个磁体都是外部前辈电场释放出的部分能量的储存器。

3-2 磁体运动产生感应电流的原理

3-2-1 前一小节我们说明了，一个磁体就是一个前期电场能量创造出的一个电场能量储存器，磁体通过自身每一个原子中电子统一定向的类椭圆运动，使磁体本身呈现出一个正极（N极）、一个负极（S极），在磁体正极（N）一端周围形成一个正电场，在负极（S）一端周围形成一个负电场。当一个导体 A 出现在磁体 B 的正极时，这个磁体 B 正极产生的正电场，会对导体 A 中的电子有一个吸引力，当磁体 B 正电场的质心与导体 A 中的电子有一个相对运动时，这会有两种情况发生：1）当运动使两者的距离越来越近，则磁体 B 正极对导体 A 中电子的吸引力会越来越大，这就把一个相对运动的动能强加给了导体 A 内的电子，使电子的动能增加，一旦电子的动能增加到一定的程度，电子离原子核的距离足够大，可能就会在某个瞬间，这个电子被地球的吸引力所吸走，一旦有一个电子被地球吸引力吸走了，那么就有一个带正电荷的原子（正离子）出现，此处就会出现一个正电荷的正电场，这个带正电荷的离子就会吸引最靠近自己的另一个电子，以便自己回到中性，这个最靠近自己的电子一般应该是属于紧挨自己的后面邻居原子的电子，因为邻居的电子也在同一个方向做相对运动，当后面邻居的电子被外界磁体 B 的正电场（N 极）吸引靠近外界正电场的正极时，此时也是最靠近这个刚刚变成正电离子的原子的时间，所以这个带正电荷的原子就会马上把后面邻居已经远离对方原子核束缚的电子吸引过来据为己有；后面邻居原子丢失了电子后，就会马上带正电荷，并抢夺它的下家（后面）邻居远离了原子核外的电子，这种依次抢夺紧邻后面原子的最外层电子的结果，就像电子在导体 A 中从远离磁体的一端向靠近磁体的一端有序的流动，在闭合电路中可以产生电流，而在不闭合导体中可以产生电动势，这就是我们看到的磁体 B 运动，在另一导体 A 中产生感应电流的现象。如果磁体 B 和另一导体 A 两者之间没有相对运动，导体 A 就是被磁化的过程，导体 A

最靠近磁体 N 极的地方会呈现出 S（负）极的倾向，一旦两者快速接近，导体 A 最靠近磁体 N 极的原子核外电子被迅速增加了动能，就有可能被地球的吸引力吸走，导体 A 最靠近磁体 N 极的地方，丢失电子后会立即呈现出 N（正）极的倾向，导体 A 此处产生的感应正极就会对磁体 B 原来的正极（N）发生同极排斥现象。这也是楞次定律所描述的，磁体 N 极向一个闭合线圈运动时，线圈靠近磁体 N 极的一边所产生的感应磁极呈现出 N 极特性，从而使线圈对磁体的 N 极表现出排斥现象。2）当相对运动使两者的距离越来越远，那么原先磁体 N 极发出的正电场在导体 A 中已经建立起的磁化现象，即靠近磁体 N 极的地方导体 A 呈现出 S 极倾向，就会发挥出异极相吸的本能，使得磁体的 N 极在远离导体 A 的速度相对放缓，这就是楞次定律里描述的当磁体远离一个闭合导体时，这个导体会产生一个与磁体极性相反的感应磁极，去吸引磁体的 N 极来阻止磁体的离开。

3-2-2 当一个导体 A 出现在磁体 B 的负（S）极时，这个负极产生的负电场，会对该导体 A 中的电子有一个排斥力，当磁体 B 负电场的质心与导体 A 中的电子有一个相对运动时，这也会有两种情况发生：1）当运动使两者的距离越来越近，则磁体 B 的负极对导体 A 中所有电子的排斥力会越来越大，这就把一个相对运动的动能强加给了导体 A 内所有的电子，使电子的动能增加，一旦电子的动能增加到一定的程度，电子离原子核的距离足够大，可能就会在某个瞬间，这个电子被地球的吸引力所吸走，一旦有一个电子被地球吸引力吸走了，那么就有一个带正电荷的原子（正离子）出现。应该说明的是，第一个丢失电子的原子，应该在离磁体 S 极最远的导体 A 的最外侧，因为这里是电子外移丢失的最佳出口，导体 A 内部的其他电子都会受到周围其他电子排斥力的制约而不能随意流动。这个最远外侧的原子中的电子向远离磁体 S 极运动时，没有其他电子的挤压排斥，可以更远的离开原子核，这就为地球吸引力将这个任性的电子吸走创造了机会，一旦这个远离原子核的电子被地球所吸走，丢失电子的原子就立即变成带正电荷的离子，它就会吸引最靠近自己的另一个电子，以便自己回到中性，这个最靠近自己的电子应该是属于紧挨自己的前面邻居原子的电子，因为前面邻居的电子也在同一个方向做相对运动，当前面邻居的电子被外界磁体 B 负极发出的负电场排斥着远离自己的原子核时，这个电子也正是在靠近这个刚刚变成正电离子的原子，所以这个带正电荷的原子就会马上把前面邻居已经远离对方原子核束缚的电子吸引过来据为己有；前面邻居原子丢失了电子后，就会马上带正电荷，并抢夺他的上家（前面）邻居远离了原子核外的电子，这种依次抢夺紧邻前面原子的最外层电子的结果，就像电子在导体中沿磁体运动的方向有序向前流动一样，在闭合电路中可以产生电流，而在不闭合导体中可以产生电动势。如果磁体 B 和导体 A 两者之间没有相对运动，导体 A 就是被磁化的过程，导体 A 最靠近磁体 S 极的地方会呈现出 N（正）极的倾向。当两者快速接近，导体 A 中距外界磁体最远处的原子核外电子被迅速增加了动能，而被地球的吸引力吸走，导体 A 最远处原本显示 S 极的倾向，就会立即呈现出真正的 N（正）极，所以导体 A 离磁体 B 的 S 极近的一端立即会从原本呈现 N 极倾向变成真正的 S（负）极。这个导体 A 靠近磁体 B 的地方，因为与磁体距离相对减少而产生的感应电场极性与磁体固有的极性相同，都是 S 极，磁体与导体 A 之间就会发生排斥现象。这也是楞次定律所描述的，一个磁体的 S 极向一个闭合线圈运动时，线圈靠近磁体 S 极的一边所产生的感应磁极呈现出 S 极特性，从而使线圈对磁体的 S 极表现出排斥现象。2）当相对运动使两者的距离越来越远，那么原先磁体 S 极发出的负电场使导体 A 发生磁化现象，使导体 A 内的每一个原子的原子核靠向外部磁体 B 的 S 极，原子核外的电子相对远离外部磁体的 S 极，这样导体 A 靠近磁体 S 极的一端呈现出 N 极，远离磁体 S 极的一端呈现 S 极，当磁体 B 的 S 极远离已经被磁化的导体 A 时，导体 A 的 N 极对磁体 B 的 S 极就有强烈的吸引力，去阻止磁体的远离。这就是楞次定律里描述的当磁体的 S 极远离一个导体时，这个导体会产生一个与磁体极性相反的感应磁极，去吸引磁体的 S 极以便阻止磁体的离开。

3-2-3 若同一导线在相同时间内，有越多的电子受到来自相同的磁体的正负电场作用，那么就会有越多的电子被地球吸引力吸走，也会使导线内的电子流动量加大，也就是感应电流越大，这就是在同一个磁体的同一个运动路程长度，将导线做成螺旋线型，就使同一导线中有越多的电子可以受到同一磁体在相同路径长度中，受到磁体两个正负电场的相继作用，这样两个方向的电流就会越大，螺线匝数（圈数）越多、导线越长、电子受力数量越多电流越强。这种电磁感应方面的数学模型，可以参照现有的各个已经成熟的电磁理论方面的数学模型。

3-3 电场强度与白血病的关系

利用前两小节讨论的电磁感应的原理，结合实际存在的客观现象，对存在争议的一个具体问题，按照上述的理论为基础，给出我们合乎逻辑的解释。在有的学者研究报告中指出，在平均磁场强度大于 0.4 μT 的环境中生活的儿童，罹患白血病的概率比其他儿童高出一倍；另一方面，2005 年加拿大联邦 - 省份 - 地方辐射防护委员会发表声明：该委员会的观点是，迄今为止的流行病学调查资料都不足以可靠的证明，加拿大家庭（不论是否靠近输电线路）环境中的电磁辐射会导致儿童罹患白血病。根据第"3-1 电流的磁效应"小节的讨论，通电导线的周围会产生一个负电场，处于负电场中的物体都会被磁化，如果这个被磁化的物体与电场发生相对运动，这个被磁化的物体就会产生感应电流。现在把人体放在一个距离高压电线不远处，人体内的所有物质，包括骨骼、脂肪、血液中的细胞同样都会被以高压电线为中心的负电场所排斥，使人体内所有的原子产生磁化现象，如果人体在这样的环境中不运动，看似没有什么问题，但是人体内的血液是在每时每刻的运动着的，血液中的细胞也是会被外部高强度电场磁化的。血液之所以呈现红色，主要是因为血液中的血红细胞含有铁元素，而铁元素正是强磁性物质，一旦血红细胞内的铁元素被磁化变成了磁铁，那么原本正常的铁元素功能就会改变，而且这个含有磁铁的血红细胞整体，都会在内部被小磁铁所影响而带上磁性。

　　血液在血管内不停地做循环运动，由于外界较强电场的存在，就会发生楞次定律现象，也就是当某个血液中的细胞远离外部电场时，细胞中的电子会保持原来的数量，但是当该细胞靠近外部电场时，该细胞内所有的电子都会由于外界电场的排斥力在不断增加，而使电子离原子核的距离不断加大，这时就会出现加大运动半径的电子被地球吸引力吸走的情况发生，即产生细胞内的感应电动势和感应电流，这个丢失了一个或者很多个电子的细胞就失去了原来的电中性，变成了一个带正电荷的不正常细胞，当血液中大量出现这种不正常的细胞时，血液整体就会出现由数量到质量的变化，发生血液病变，这种病变也许是常见的白血病，也许是其他形式的血液病，也许是引起造血或者血液新陈代谢方面的疾病。大人和小孩同时处在这样的强电场环境中，小孩相比较大人更爱运动，除了身体各个部位增加了运动外，小孩子因运动而使血液循环速度加快，每一个血液中细胞运动的速度都比大人血液中的细胞运动速度要快，所以小孩血液细胞中电子丢失的会更多，导致儿童比成年人在相同的强电场环境下，表现出的楞次定律效应更加显著，这就使儿童比成年人得白血病的概率要大许多。远离高压电线的人们，所处电场强度很弱，体内血液运动的速度尽管也可能很高，但楞次定律效应很弱，所以血液中的细胞不易产生感应电动势和感应电流，这样在弱电场环境中的儿童与强电场环境中的儿童相比，就不容易罹患血液疾病。

3-4 居里点（居里温度）

3-4-1 居里点（Curie point）又称作居里温度（Curie temperature，Tc）或磁性转变点，是指磁性材料从原有磁化强度降到零时的温度，是铁磁性或亚铁磁性物质转变成顺磁性物质的临界点。当温度低于居里点温度时，该物质成为铁磁体，此时和材料有关的磁场很难改变；当温度高于居里点时，该物质成为顺磁体，磁体的磁场很容易随周围磁场的改变而改变。那么磁性材料为什么会有这种特性呢？我们在前面几个小节讨论了磁体的形成原因，也就是一个磁体材料当它具有了磁性时，说明它储存和继承了前期电场的一部分能量，才使自己能够做到正负电极明显分开。但是，当磁体遇到一个外部施加给它的高温环境时，磁体内的一部分电子能量被充分的加大，一旦地球对这些电子的吸引力大于原子核对它们的吸引力时，地球的吸引力就会把这部分电子吸走，可是仍然会有部分内层的电子被原子核吸引保持着原有的定向运行轨道。这些带着正电场的原子会吸引外部的自由电子填补丢失电子的空缺，这些新捕获电子的轨道最初是杂乱无章的电子云，但是通过仍然保留在原子核周围，剩余的那些有固定轨道和方向电子的不断排斥和引导，新加入的电子也会很快被同化，变成与原来那些有固定轨道和方向同样的有规则运动电子，这就是只要外加温度低于居里点时，磁体仍然可以保持原来的磁性。

3-4-2 一旦外界的温度高于居里点，这就意味着磁体内所有原子核外有固定轨道的电子都被增加了充分的动能，以至于地球的吸引力把几乎所有原子核外具有偏心（类椭圆轨道）运转特征的电子都吸引走了，然后原子核凭借自己强烈的正电场，又吸引了来自磁体外部的自由电子补充到自己缺失电子的位置上，但是这些新补充上来的所有电子都没有固定的运行方向，原子核外剩余的有固定轨道的电子，其能量不足以影响和改变新补充进来的自由电子的运行轨道，所以原来的磁体就变成了没有极性的物体了。若想让该强磁体重新拥有磁性，就必须重新进行一次外部电场对它再次充磁，才能变回成为一个永久磁体。

3-5 物质为什么会有记忆功能

3-5-1 从居里点的存在，我们可以得出这样一个推论：强磁性材料中的电子，是具有记忆功能的。这些原本只受原子核约束的电子，在属于自己的轨道层随意运动形成了电子云，但在外界强电场的吸引力（正电场）或者排斥力（负电场）的作用下，它们（电子群体）被塑造成了彼此相同的独立个体，就是它们都不再随意绕行，而是沿一个统一方向并且不以原子核为圆心的偏心轨道运转，这个偏心的轨道在外界电场消失以后，它们仍然保持这个被外界电场塑造而成的轨道继续运行下去，这个有固定轨道的电子就记忆下了形成这个运动状态时，外界施加给这个电子的当时环境，这就是电子的记忆功能。当这些具有特定偏心轨道的电子被加大了运转半径而被地球吸引力吸走，这个原本中性的原子会立即变成带正电的离子，这个正离子会快速捕捉体外接近的自由电子，以便自己恢复电中性。而被原子核新吸收过来的电子，因为没有经历过固定方向的吸引力或排斥力的塑造，没有偏心的轨道，都是以原子核为中心，所以高温超过居里点后再回到居里点以下，此时强磁性材料中的所有电子已经几乎全部被更换成没有任何记忆的新鲜电子，所以跨过居里点后返回较低温度的磁体就变成了没有磁性的顺磁体。

　　3-5-2 推而广之的猜想：所有物质的记忆功能，都是由原子内电子拥有特定的轨道来完成的，包括动物大脑的记忆、金属形状的记忆、植物遗传特性的记忆等等。那些原本只受原子核约束的电子，在属于自己的轨道层随意运动形成了电子云，但在外界强电场的吸引力或者排斥力的作用下，它们被塑造成了彼此不同的独立个体，这个不同就是它们都不再随意绕原子核运行，而是沿某一个固定的轨道运转，这个固定的轨道就是电子记住了自己应该在这个方向运动，即使外界电场消失以后，它们仍然按照这个轨道继续运行下去，这个有固定轨道的电子就记忆下了形成这个运动状态时，外界施加给这个电子当时的电场环境，这就是电子的记忆功能，或者说电子的轨道从测不准到可预知，这个电子就具有了自我约束能力，也就是记忆下了某个事情。

3-5-3 有了电子记忆的功能，生物才能通过这种电子的定向运动，录制下某些前辈的特性作为基因，遗传给后面出生的新生命。所以电子的这种记忆功能，可能也是生命产生、延续和发展的决定性因素之一，就像植物的种子，如果将其加热过后，这个种子虽然表面看来并没有变化，但它原子核外具有记忆功能的电子，因为已经是被没有固定轨道、只会形成电子云的新鲜电子所置换，所以种子内所有原子核没有变，但原子核外电子都变成了没有记忆的电子，这样这个看着外观不变的种子，已经失去了生命的意义，再也不会发芽了。这同时也表明记忆的东西，不一定是必须要经过后天刺激才会有的现象，而是存在通过对电子的运转轨道进行预制，就有可能达到不学自通的效果。

3-5-4 在北美洲，有一种迁徙性蝴蝶—帝王蝶，每年秋季，数百万只帝王蝶从美国东北部和加拿大南部飞越数千公里、历时两个月来到温暖的墨西哥中部林区过冬。到来年 3 月，帝王蝶又会不远万里向北飞回原来的栖息地，一次迁徙过程往往需要至少两代蝴蝶来完成。这种帝王蝶的迁徙习性，不知道已经存在了多少年，它们从来没有去过越冬的地方，也没有亲属为它们领路，帝王蝶的这种迁徙行为，背后一定有一个前辈预制的基因组合群遗传给它们的下一代。正是这组前辈预制的基因组合群，指引着后辈蝴蝶，告诉它们该何时南飞、何时北迁，飞行路线怎么走，中途何处停歇，哪里是产卵地等等。这组不需蝴蝶后天学习就先知先觉的知识，应该就是生物体内部产生的生物电场在它们的记忆细胞体内设置了许多特定的电子轨道，这种内部设定的电子轨道与外部环境刺激产生的相同电子轨道具有同等的效果，这就使后辈蝴蝶看到的新环境就如同它们经历过的事情一样有经验。这也就为人类不用耗费大量时间学习，而采用技术的手段，向青少年直接大量灌输已有的科学知识的可能性，树立了现实样板和奠定了理论基础。

3-6 对电子施加作用力后的若干推论

讨论到这里，我们可以给出几个推论：

1）电子在导体中流动，电子就会有损失，这个损失是由于地球吸引力把一部分电子吸走了。

2）导体中有电子流动，说明导体中的电子多于质子的数量，才有可能让电子自由流动，带负电荷的电子多了，必然会产生向周围辐射的负电场，如果没有电子的流动，导体内的多余电子会立即被地球的吸引力吸走，也就不会有负电场产生，所以关闭电源导体周围的电场就会立即消失。

3）电子在导体中流动，要想减少电子的损失，可以减少电子的流量，如果电子流量小了，其损失自然就小了，电子流量大损失自然也会随之加大；增加电流两端的电压差，使电子流动时的动能加大，让地球的吸引力相对变小，所以长途输送电力要采用高电压、小电流的输电方式。

4）地球吸引力对物体作用力的作用点在物体的电子身上，作用力的大小与两者距离的平方成反比，所以在长途输送电力时，输电线路架设的越高，电力输送中电子被地球吸引力吸走的越少，电力损失就会越小。而大电流、埋入地下的输电方式应该会比小电流高空输电方式损耗电能要多。

5）在失重的情况下，电磁感应的表现应该明显小于处于较大吸引力的环境中的表现，因为楞次定律的效果在弱吸引力情况下会被降低。

6）磁铁是对早期外在电场能量的一种能量的保存；电子

在固定轨道运行，是对当时电场环境的记录，所以电子有规则的运动是物质具有记忆功能的表现，并说明电子本身是记忆的载体。

7）记忆的内容是可以通过某种技术手段，进行提前预制的，就像生物基因中预制了某些不是后天学习得来的知识一样，人类也许有一天可以规模化制造一大批复杂的知识库，在人的青少年时期，将选定的某一些知识直接灌制于大脑的记忆细胞中，这样普通的人们可以不用经过漫长的学习时间，就能够拥有丰富的知识。

第三章 电磁感应现象背后的原始动力

第四章 开普勒行星运动定律引发的问题

4-1 开普勒给出的太空宪法

十七世纪初期，开普勒整理了他的老师第谷早年对天体运动所做观察，记录下的大量精确数据，从中归纳总结出了开普勒行星运动三大定律。

开普勒行星运动第一定律，也称为椭圆定律，表述为：所有行星绕太阳公转的轨道都是椭圆，太阳在椭圆的一个焦点上。开普勒行星运动第二定律，也称作等面积定律，表述如下：在相等的时间内，太阳和运动着的行星的连线所扫过的面积都是相等的。开普勒行星运动第三定律，也叫做调和定律，内容是：所有行星绕太阳一周的恒星时间（T_i）的平方，与它们轨道长半轴（a_i）的立方成比例，即：$T_1{}^2 : T_2{}^2 = a_1{}^3 : a_2{}^3$。

当今科学界一致认为，开普勒行星运动定律是一个普适定律，适用于一切二体问题。开普勒行星运动定律不仅适用于太阳系，它们对具有中心天体的引力系统（如行星—卫星系统）和双星系统都成立，所以有人把开普勒行星运动三大定律恭敬的称为"太空宪法"。开普勒行星运动三定律果真有此神功吗？

4-2 开普勒行星运动第一定律的模糊焦点

4-2-1 开普勒行星运动第一定律，也就是椭圆定律说，行星围绕太阳运转轨迹形成一个椭圆，太阳始终处在椭圆的一个焦点上。众所周知，数学上所说的椭圆都有两个清晰且不同的焦点，即焦点 1 和焦点 2。从静态的画面来分析，开普勒行星运动第一定律所指太阳始终处在椭圆的一个焦点上，这个焦点指的是焦点 1？还是焦点 2？这个问题在开普勒的椭圆定律中含糊不清，他既不说是焦点 1，也不说是焦点 2。在开普勒含糊不清的椭圆定律下，太阳有可能始终是处在焦点 1，也有可能是始终处在焦点 2。就是这样一个二选一的简单问题，数百年来居然没有人敢于站在众人面前说出自己的选择，这是不是有些检验后人智商的智力考题的意味？

4-2-2 从动态的画面来分析，在地球围绕太阳公转一周形成一个椭圆的 365 天中，太阳哪一天在焦点 1，并且始终保持在焦点 1？何时又在焦点 2，并且始终保持在焦点 2？如果有人解释太阳每一天都在焦点上，这个焦点既是焦点 1，也是焦点 2，那么太阳是如何从椭圆的一个焦点跨步到另一个焦点的？这不是与太阳始终停留在一个焦点上的描述相矛盾吗？以上这几个简单的问题，谁人可以给出合理的解答？

4-2-3 我们用实际图示的方法，来分析一下开普勒给出的这个椭圆定律暗藏的矛盾之处。首先说太阳始终处在行星椭圆轨道的一个焦点上，这个焦点是指焦点 1？还是焦点 2？开普勒本人没有指明，这一点是有情可原的，因为对于椭圆的两个焦点，张三可以定义长轴上左边的是焦点 1，李四可以定义右边的是焦点 1，无论左右，一经定义完毕，焦点 1 和焦点 2 的位置就是固定的了。也就是说一旦定义了长轴上右边的焦点为焦点 1，那么长轴右边的永远就是焦点 1，左边的永远就是焦点 2。如果太阳是在右边的交点 1，那么太阳就会始终停留在焦点 1，而不会跳到焦点 2。现在我们可以画出如右边示意图 1-1，以椭圆的长轴为 X 轴，Y 轴交椭圆左边外侧的某一点，X-Y 轴构成的平面代表黄道平面。地球围绕太阳公转一周，大约耗时 365 天，形成一个开普勒所说的椭圆，我们把开普勒的行星轨道椭圆右边的焦点，也就是 X 值大的定义为焦点 1，太阳始终停留在焦点 1 上，自然左边 X 值小的焦点就是焦点 2 了，

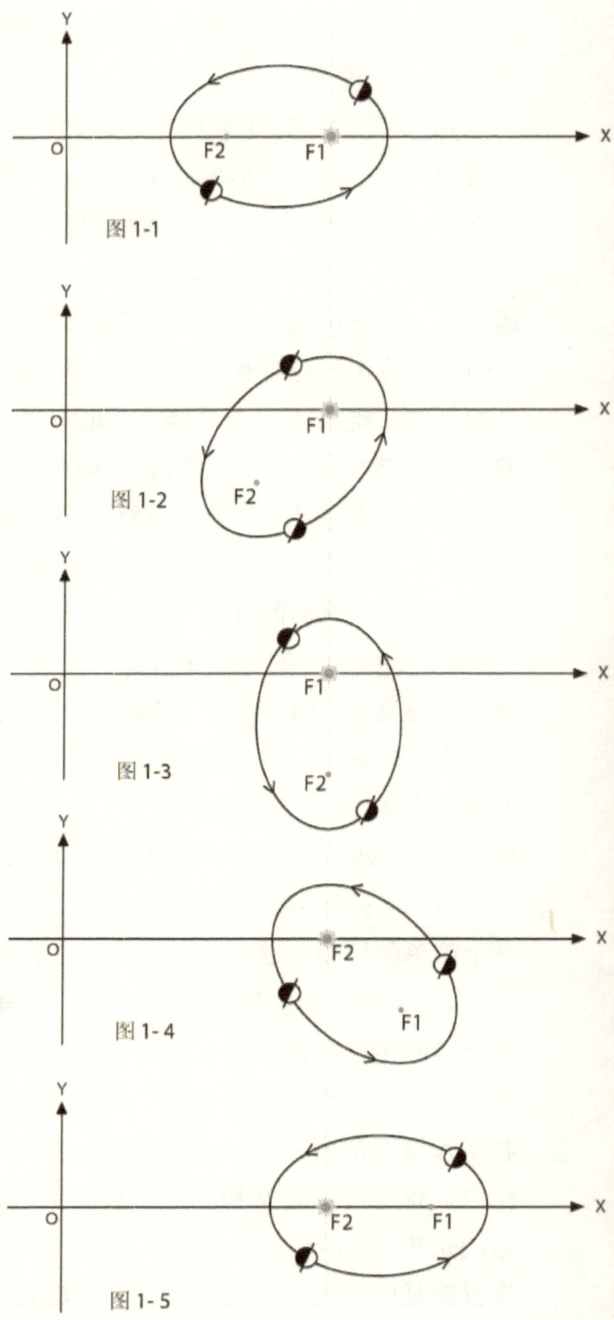

地球的公转沿逆时针方向运行。

我们知道所有太阳系内的行星在近日点都会产生进动现象，进动的结果就是，行星椭圆轨迹的长轴在黄道平面内会发生一定角度的转动，也就是公转轨道有所改变，这种改变是一个固定方向的渐进式变化，当经过 N 个行星公转周期后，行星公转轨道，或者说椭圆的长轴会使这个渐进的旋转累积到 180°，再经过 N 个公转周期，行星的公转轨道又会回到第 1 个公转周期时的位置。在地球（包括所有行星）进行公转的任何一个周期中，地球（行星）的自转姿态都是始终保持不变的。在这一组示意图中，我们画出了地球第一个公转周期（图 1-1）、第四分之一个 N 的公转周期（图 1-2）、第四分之二个 N 的公转周期（图 1-3）、第四分之三个 N 的公转周期（图 1-4）、和第 N 个地球公转周期（图 1-5）时，地球公转轨道的变化。在所有的公转周期中，地球的赤道面始终以相对黄道平面倾斜 23°26′ 左右的角度在不停的自传，这是因为地球本身是一个大陀螺仪，具有良好的定向特性。现在就出现了经过 N 个公转周期后，太阳所在的这个焦点，从焦点 1 变成了焦点 2，因为我们在最初始的第 1 个公转周期中，定义椭圆右边的交点，也就是黄道平面中 X 轴上数值大的焦点为焦点 1，X 轴上数值小的为焦点 2，当在公转进行过 N 个周期后，仍然应该是 X 轴上数值大的交点为焦点 1，X 轴上数值小的为焦点 2，但是太阳此时已从焦点 1 变成了焦点 2，这就与开普勒行星椭圆定律所描述的太阳始终在一个焦点上的原意产生了矛盾。

4-3 开普勒行星运动定律描述的太阳系

从天文观测得知，火星绕太阳一周的时间，也就是火星的一年，大约是地球绕太阳一周 365 天的 1.8 倍时间长度，火星绕太阳的运行也会出现 4-2-3 小节中描述地球绕太阳运行一样的效果，也就是太阳会随着火星的椭圆轨道运行 N_1 个周期（火星年），在火星进动的作用下，太阳会从焦点 1 变成焦点 2。太阳系的 8 个行星有 8 个不同的 N_i（i=1,2,3,4,5,6,7,8）周期，它们所形成的 8 个行星椭圆轨道，就一定会出现同一个太阳，同一个时间，太阳对某几个行星是焦点 1，而对另外几个是焦点 2，并且太阳所在的焦点对所有的行星而言，又是在不停的转换之中。按照开普勒行星运动定律刻画出的如此混乱的理论太阳系，与我们所看到的有规则真实的太阳系存在着巨大的反差。

4-4 开普勒行星运动第二定律面对的难题

根据开普勒行星运动第二定律，行星和太阳的连线在相等的时间间隔内扫过相等的面积，我们可以推出，地球在每年一月初的近日点，地球绕太阳公转的速度是一年中最快的时期；地球在每年的七月初的远日点，是地球绕太阳公转速度最慢的时期，但是这种理论上的解释，与我们实际看到和感受到的地球实际情况有很大的差异。地球公转速度快，地球外围的大气层相对应的表现应该是大气流动速度也快；地球公转速度慢，地球外围大气层空气流动速度也应该是减缓。就像某人开了一辆敞篷汽车，车的某处栓了几个氢气球漂浮在车子的上方，当车缓慢行驶时，氢气球可以漂浮在敞篷车的斜上方，当敞篷车的速度稍微快一些，氢气球就会向后压低高度在敞篷车后方抖动着随车而行。这个示例说明，处在空气环绕之中的运动物体，空气流动的速度与物体相对于空气运动的速度高低成正比，也

就是说，物体（地球）运动（公转）速度高，包围着地球的大气（风）吹动的速度就高；地球公转速度低，包围着地球的空气吹动（刮）的速度也会低。但是在近日点的一月初，地球周围的大气层空气流动并不剧烈，反倒是在远日点的七月初，地球赤道偏北附近的海洋上空，已经进入了一年一季的台风期，这正是地球上空大气层空气变化最激烈和风速可达最高速的狂风暴雨季节。通过对地球上存在七、八、九 3 个月的台风季这个客观事实推测，地球公转速度最快的时间应该在台风季节里，这与开普勒等面积定律给出的地球公转最高速和最低速的时间点不相符。

4-5 开普勒行星运动定律的支撑点

4-5-1 开普勒所处的时代，日心说开始成为主流共识，也就是太阳是恒定不动的、是宇宙的中心。正是日心说才成就了开普勒的行星运动三定律，在太阳为中心并且是恒定不动的条件下，行星的轨道是椭圆之说才能成立，按照逻辑推理，也才能有行星第二、第三定律存在的基础。换言之，日心说就是开普勒行星运动定律的支撑点，没有日心说就没有开普勒行星运动三个定律。但是，理论很美妙，历史很无情，科学技术进程发展到今天，我们发现，太阳只是太阳系的中心，太阳系仅仅是银河系中一片小小的枝叶，太阳也不是恒定不动的，相反太阳带领太阳系以每小时约 8.37 万千米，比地球上音速快 68 倍的速度，沿一条微微弯曲的弧线，在银河系中一刻不停地向前飞奔。那么这个现实对开普勒行星运动定律来讲，就是毁灭性的灾难，即行星轨道无法形成闭合曲线，也就是没有椭圆可以形成，这样就没有开普勒行星第一定律存在的可能性，开普勒的行星第二、第三定律随即就会一同消失。

4-5-2 每个人都可以做一个十分简单的实验，以客观事实为依据，证明开普勒行星运动定律，用今天的眼光来看，根本就是子虚乌有的伪科学。

在一个自行车的后车轮上固定一个 LED 灯，夜里当自行车前行时，从远处侧面观察这个发亮光的 LED 灯，它的运行轨迹就是一个螺旋形前进的轨迹。只要自行车向前移动，这个 LED 灯运转一周后就不会回到前一个周期的起始点。这个 LED 灯周期性螺旋前进轨迹的变化情况，是随着自行车后车轴前进速度和后轮自己转速的快慢而变化的。自行车后轴的前进速度一定时，LED 灯旋转速度越快，也就是后车轮越小，它的运行周期越短；LED 灯的旋转速度越慢，即后车轮越大，它的运行周期越长。这就有点像在太阳系外观察地球绕太阳这个中心星球公转的情况，LED 灯代表地球，后车轴代表太阳，只不过这里地球与太阳的距离是被车条固定下来没有任何弹性，所以就不会有类似近日点和远日点的情况出现。通过这个 LED 灯放置在自行车轮子上的小实验，我们就可以看到开普勒的行星运行椭圆定律是不符合客观事实的。

4-6 不同坐标系统视角可能带来的影响

4-6-1 一个冰上运动的运动员，当他高速旋转时，在他的眼中，就会有一种世界上的一切都是围绕他在旋转的感觉，此时他就是这个世界的中心。为什么他会有这种感觉？因为他把自己当作了整个时空的坐标原点，他自己是固定的，那么他周围的一切都在围绕他做圆周运动。他对吗？他是对的。因为如果在他身上固定一个摄像机的话，录下的纪录片会告诉你：他是对的。他错了吗？他是错的。因为所有看他表演的人都知道，那是他自己在旋转，周围的一切都没有移动。周围的观众为什么与表演的运动员会有不同的看法？因为周围的观众把时空坐标原点全都放在了表演运动员之外，在地球这个大系统中，观众看到的是一切都没有变化，只有表演者自己在旋转。但此时还是这些观众，当他们抬头看天空会发现，若是在白天太阳在运动，若此时是夜晚，夜空中的星星、月亮在运动，而自己是不动的，这时有些观众一定会产生地球是宇宙的中心，其他星球都在围绕地球旋转的感觉。人们有地球是宇宙的中心这种感觉对吗？这些人们是对的。因为人们真实地看到，日月星辰一天一天地在地球上空重复出现，而我们居住的房屋、周围的山脉、树林并没有移动，所以地球就是宇宙的中心，这就是地心说。人们这种认识错了吗？人们这种认识是错误的。当把时空的坐标系原点放在太阳身上，人们就会发现太阳系所有的行星，都是在以各自不同的速度和姿态，围绕着太阳在不同的轨道上运行着，而且我们通常看到所有的行星，围绕太阳运行的轨迹都形成了一个椭圆，而且太阳始终处在椭圆的一个焦点之上，这就有了开普勒总结出的行星运动三个定律。开普勒总结出的行星运动三个定律对吗？他是对的，因为在太阳系，当以太阳为时空的坐标原点时，人们就会得出这样的结论，这也就是日心说。开普勒错了吗？他是错的。因为当我们把时空的坐标原点放在银河系中的某一个黑洞或星球上时，我们就会发现太阳不是静止不动的，而且是以每小时 8.37 万千米的速度在银河系中高速行进着，在这个更大的坐标系统中，我们再观察太阳系内的行星运行规律就会发现，所有的行星是在围绕着太阳在做螺旋线形状的运动，它们的轨迹不可能形成椭圆，因为根本没有封闭曲线存在，这就是现代的黑洞中心说。通过上述一系列的坐标系拓展变换，我们就可以看到，对同一现象会有不同的解释；同时也可以看到，更广阔的视角可以把较低一级视角认为很复杂的问题变得简单、清晰。

4-6-2 我们再做另一个虚拟实验：在一列高速奔驰的火车上，车厢两边透明，车中有一人手握一根绳子头，另一头拴一个发亮的灯泡，沿火车前进的方向，垂直地面甩动绳子，让发光的灯泡做圆周运动。如果在火车的外面有一个小山包，小山包上有一个观察者用高速清晰摄像机，拍下了车厢内灯泡的运动轨迹，小山包上的这个观察者查看录像会得出，车厢内一个发光灯泡，绕一个移动的中心，在做等距离绕行运动，也就是灯泡沿类似圆的轨道，螺旋着前进。对于这一评说，在车厢内的操纵者，会毫不犹豫的反驳道：那个灯泡是在做圆周运动！对同一事件，为什么会得出两个不同，但都是符合事实的观察结果？这是因为两个评判者处在不同的坐标系统中，各自选取的参照物不同，或者说坐标系不同。身处车厢内的人员，选车厢内的物体作参照物，以操纵者为坐标原点，得出灯泡是在做圆周运动；车厢外的人是选车厢外的物体，如小山包做参照物，即以地球的质心为坐标原点，会得出灯泡在做螺旋线状运动。

由此虚拟实验可以看到，对同一物体的同一运动形态，从不同坐标系统的角度出发，各自选取本坐标系的原点作为出发点，都可以得出正确，但彼此完全不同的结论。可是如果选取不属于自己所处坐标系统的物体作为参照物，那么就可能得出不伦不类的判断。

4-6-3 在上面那个虚拟实验中，如果车厢内的人把操纵者作为坐标原点，但不是选取车厢内的某一物体做参照物，而是选取车厢外的物体（如小山包）作为参照物，再来判断原本做圆周运动灯泡的运动形态，这时人们就会发现，这个灯泡的运动轨迹不能再看作是圆了，而应该变成椭圆，这样做才能解释出现在车厢外那个小山包产生了相对位移的客观情况。因为车厢内操纵者认为，车厢内一切都没有移动，外面的小山包本身不可能移动，但又产生了相对视觉移动，只有灯泡是运动着的，所以这个小灯泡只能是做椭圆运动，而且椭圆是以灯泡操纵者为一个焦点。

4-6-4 在运动着的太阳系中看地球绕太阳运转，和在运动着的车厢内操纵者甩绳，使灯泡绕操纵者做圆周运动是完全一样的。地球（包括太阳系内所有行星）是在空间距离锁定法则（此法则在后续有详细论述）的约束下，绕太阳做圆周运动，当地球运行到太阳在银河系行进方向的正前方时，受太阳前进所挤压形成了地球的近日点，距离变小压缩至 1.471 亿千米；当地球运行到太阳在银河系行进方向的正后方时，太阳前进客观上具有远离地球的倾向，这就形成了地球的远日点，在太阳这种抛离地球的情况下，地球离太阳的距离在远日点达到 1.521 亿千米，其余时间地球和太阳的距离被锁定在 1.496 亿千米。 对于车厢内做圆周运动的实验，如果拥有足够灵敏精密的检测仪器和略有弹性的绳子，人们就会发现，这个做圆周运动的灯泡，也有类似地球近日点和远日点的情况出现，即当灯泡运行到甩绳人的正前方（操纵者面对火车前进方向）时，具有弹性的绳子会缩短一点；当灯泡运行到甩绳人的正后方时，具有弹性的绳子会拉长一点；这是由于列车系统本身的运动迭加到灯泡的运动上，在正前方和正后方作用最大，效果最显著的客观表现。

4-6-5 我们把灯泡绕操纵者做甩绳圆周运动这个虚拟示例，和地球围绕太阳，在空间距离锁定这个看不见的绳子的约束下做圆周运动，这两件事情进行类比，如果站在更远的坐标系原点的系统中来观察，例如站在太阳系外小熊星座的北极星上，来看地球绕太阳运动就会发现，地球是在绕太阳这个移动的中心做螺旋线型前进。这种观察结果与我们地球上的人，以太阳为坐标系原点，对地球绕太阳做圆周运动的观察结果是不同的。但是地球上的人们如果不以太阳系内物体做参照物，而是错误的选取太阳系外的物体作为参照物，如选择北极星作为参照物，来判断地球的运动轨迹，就会得出地球必须是以椭圆轨道绕太阳运转，这种不伦不类的结论。至于人为把圆轨道拉长成为椭圆轨道后，产生了两个焦点这个新问题，开普勒确实无法找到新的解释理由，只好模糊以对地说，太阳是在椭圆的一个焦点上，至于这个焦点是焦点1，还是焦点2，什么时间太阳在焦点1，什么时间太阳从焦点 1 转移到焦点 2 等等这些按下葫芦浮起瓢的众多新问题，不仅开普勒本人，抑或数百年来任何一位大科学家都无法给出答案，原因在于这本身就是属于两个坐标系统混为一体产生的错误问题，无论如何回答都注定是错误的，只有跳出交叉坐标系统这个暗藏的陷阱，把以太阳为坐标系原点的事情放在太阳系内解决，把以银河系黑洞或银河系其他点为坐标系原点的事情，在银河系内解决，才能看清开普勒布下的宇宙乱局这个系统错误的症结所在。

4-6-6 我们现在梳理一下造成开普勒行星运动第一、第二定律出现错误的原因有哪些。1）他选择了分别属于不同层次系统的两类物体作为地位相同的研究对象或参照物，这也许可以叫做"宇宙系统混搭"，从而导致研究过程杂交，所得结果不伦不类。2）他的理论研究是建立在太阳是恒定不动的这个落后且错误的认知之上，所以理论基础发生错误，导致研究结果经不起检验。3）如果认为太阳是恒定不动的，那么只在太阳系内研究各个行星的运动规律，所得出的结论也是可以接受的。就像在运行的车厢内研究灯泡的运动不看窗外一样，不考虑列车是否运动，各种研究结论都是可以被认可和接受的；再例如，中国农历 24 节气，只在太阳系内部研究地球的公转，结果都是正确的。可惜开普勒在以上三个方面同时都出现了问题，导致他得出根本不存在的行星运动第一定律和与现实脱节的行星运动第二定律。

4-6-7 在一个子系统内，只能研究本子系统或所包含的更低一级子系统的问题，子系统无法掌控更高一级所属更大系统的问题，因为更高级别的系统中包含不属于低级系统中的因素，而高一级的更大系统则可以很容易掌控自己所含子系统的问题。例如在以地球为坐标原点的系统内，我们可以把月球看作是地球的天然卫星，我们想当然的就认为月球是在围绕着地球做椭圆运动。当我们把坐标系统变换一下，在以太阳为坐标原点的更高一级的系统内，我们会发现月球并没有围绕地球做椭圆运动，而是地球与月球同时围绕着地月双星的共同质心在进行相同角速度的互绕运动，这时月球就不再是地球的卫星，而是与地球平起平坐的围绕太阳公转的行星，只是有许多人具有浓厚的惯性思维情节，总是宁愿把月球当作地球的卫星来看待。在以太阳为原点的坐标系中，人们看不到为什么行星公转会产生远日点和近日点，也不知为何会有行星的进动，但在以银河系中某一黑洞为坐标原点的高一层次系统中，人们不仅很容易看清太阳是如何运动的，也可以明确知道随太阳一同行进的太阳系家族内各个行星是如何运动的，这时也可以很清楚的看到行星围绕太阳运行，何时快、何时慢，何时会出现远日点、何时会出现近日点，行星围绕太阳的真实运动轨迹等等，这些在后续的章节中会有详细的说明。

第五章 对牛顿万有引力定律的重新思考

5-1. 物理学理论上的经典

三百多年前，科学巨人牛顿，受树上掉下苹果的启示，发现了两个物体之间存在着万有引力，于 1687 年在他的三卷本书《自然哲学的数学原理》上发表了出来。牛顿万有引力定律的表述如下：任意两个质点，有通过连心线方向上的力相互吸引，该引力大小与他们质量的乘积成正比，与他们距离的平方成反比，与两个物体的化学组成和其间介质种类无关。[6]

数学表达式为：$F_1 = -F_2 = G \times (M_1 \times M_2)/R^2$。其中：

F_1 为物体 1 对物体 2 的吸引力；

F_2 为物体 2 对物体 1 的吸引力，"一"表示与 F_1 的方向相反；

G 为万有引力常数，$G = 6.67 \times 10^{-11} N\bullet m^2/kg^2$，该数字为后人经实验测得补充上去；

M_1 为物体 1 的质量；

M_2 为物体 2 的质量；

R 为两个物体之间的距离。

从此，牛顿发现的万有引力及其建立的万有引力数学模型成了现代物理学、天文学的基础和经典的理论。牛顿的万有引力定律，被后人称作是 17 世纪自然科学最伟大的成果之一，为人类认识自然的历史上树立了一座里程碑。在牛顿万有引力定律的指导下，发展出了许多看似合理的科学成果，如海王星的发现，人造卫星的轨道设计和计算，宇宙天体质量的计算等等。但在这些成果光芒照不到的地方，也存在着人们没有察觉到的一些属于牛顿万有引力定律固有的瑕疵。

5-2 物体的吸引力与组成物体的物质成分无关吗？

按照牛顿万有引力定律的论述，明确排除了物质的化学成分对吸引力造成影响的可能性，这种论述把物质本身的温度变化对吸引力会产生影响的可能性也一同排除在外了，也就是不论物体本身温度的高低如何，它具有的吸引力是固定的。在 2-4 小节，我们列举了中国科学院资深研究员范良藻教授，在《中国工程科学》杂志上发表的"一些金属材料的称重为何升温后减轻降温后变重"的试验报告，证明地球对一个物体施加吸引力大小，是与该物体的自身温度高低有关的，这就反证了牛顿万有引力定律对吸引力描述的正确性，或者说当今科学主流对物体之间吸引力的认知是存在缺陷的。

5-3 连心线之外的吸引力

牛顿万有引力定律说两个物体之间，有在连心线方向的吸引力，那么连心线之外存在吸引力吗？按照我们的常识，在连心线上有吸引力，连心线外也应该有吸引力，不然一个人流出的眼泪就不会往下流了，因为当人的眼泪夺眶而出时，眼泪明显不在人体的质心和地球质心的连心线上，眼泪依然会往地球的地心（质心）方向移动，所以牛顿万有引力对这一点的描述是不完全的。鉴于对科学定律的严谨性，作者感到有必要尊重客观事实，重新审视万有引力受力方向，找出更加完善的万有引力的规律和理论。

5-4 对吸引力认识的逻辑步骤

客观世界所有物体的组织结构，首先是存在一个又一个的单独个体，在许多个体的基础上才构成群体，这是最基本的层次关系。物质空间也是先有个体的特性，才有两个或许多个体组成一个群体，由此产生一组群体的共性。但是我们可以看出，牛顿万有引力定律没有考虑物体的个体特性，直接从两个物体构成的群体来讨论它们的共性，这在正确认识客观事物的层次顺序上就犯了冒进的错误，也就是牛顿在对待万有引力这个客观事情的认识步骤上，他的科学研究方法出了问题。在没有获得公认正确的个体特性前提条件下，直接得出两个物体构成的群体、并带有自己强烈主观意愿的结论。类似的研究方法错误，牛顿还对两个物体之外，第三个物体出现时，是否对现有两个物体之间的吸引力产生影响缺少讨论和论述，这就形成了牛顿在吸引力研究方面"缺一少三"的不完整现状，同时也为他的万有引力理论埋下了隐患，以至于三百多年来，所有建立在牛顿二元万有引力定律基础上的理论，都如同被种植了病毒一般，使这些带病的理论时常出现偏差，后来的科学家们为了掩饰这些理论上的缺陷，能够用其他理论代替解释的就用其他理论代替牛顿万有引力定律来解释，没有替代的理论时，就发挥想象力去给出一些无法证实的说法，就如同500年前的地心说，把人们对自然界的认识引入歧途一样。受牛顿万有引力理论的限制，人类的飞天梦只能采用仿生学的带翅膀飞机或风险和成本都很高的火箭，使地球上的人类无法理解天上出现的UFO（幽浮）因何可以随意飞翔，所以就对 UFO 现象进行全盘否定。但地球上的科学家们都熟视无睹的一个事实就是，地球没有翅膀，也没有喷射推进口，但地球凭借的是什么原理，可以在太阳系中从速度为零到速度超过音速上百倍的周期性变速持续飞翔？（后文中作者对此一速度状况会给出充分的证明。）没有人关注地球为何可以公转这件事，也没有人可以给出令人信服的答案，运用牛顿二元的万有引力定律和开普勒行星运动定律更是无法揭开行星公转的谜底。

5-5 牛顿万有引力定律的遗传缺陷

牛顿万有引力定律脱胎于开普勒的行星运动定律，在"第四章 开普勒行星运动定律引发的问题"中，我们从多个角度论述了开普勒行星运动三大定律是不存在的伪定律。因为这三个定律是日心说的产物，而日心说用今天的科学知识来衡量就是伪科学，这样在牛顿的知识中，就遗传了三百多年前人们对宇宙运动的错误认识，他的万有引力定律最基础部分，就是建立在太阳是恒定不动的不正确、不符合客观事实的伪科学之上的理论，这样一方面要反映两个物体互相吸引的客观现实，并成就了牛顿发现万有引力是人类科学发展史上的里程碑；另一方面又要迎合开普勒行星运动定律，并需能证明开普勒行星运动定律是正确的，这样最终只能搭建出一个介乎正确与不正确之间的一个折中数学模型。所以他对万有引力的数学描述不可避免的包含了某些来自伪科学的成分，两方面平衡的结果，就决定了牛顿给出的万有引力数学模型一定是带有缺陷的数学模型。当遇到的计算对象不涉及数学模型的缺陷时，牛顿万有引力定律是正确的；当遇到的计算对象涉及到数学模型的缺陷时，牛顿万有引力定律计算出的结果就是错误的，这就是牛顿万有引力定律携带病毒的现状。经由带缺陷的数学公式计算出的结果，病毒爆发时必然带有偏差，所以牛顿无法算准水星进动的角度。

5-6 牛顿万有引力定律的忌讳

在"2-1 物理学中的填空题"小节中，对吸引力是否存在力的作用点这个核心级别的大是大非问题，牛顿选择了回避，这是一个十分反常的现象。难道说牛顿在这里忘记了力的三要素之中的一个要素吗？不可能！唯一的解释只能是：非接触型力的作用点在哪里，他费尽心力也找不出来，所以牛顿在他的万有引力定律中完全不能提及。这是否可以把牛顿万有引力定律定性为仍需完善的中间半成品？因为找不到吸引力的作用点，所以牛顿就不知道地球自转的力量来自哪里，不受力的作用而发生了运动，能使地球自转的力量只能找上帝来搪塞了。

第六章　若干实验事实

6-1 扭秤实验中的变化

大连李华旺先生在做扭秤实验时，有意对参与实验的大球加热，结果显示大球对小球的吸引力变大，当大球温度降低，大球对小球的吸引力变小[7]。这表明地球上两个物体之间的吸引力，与这两个物体之间的相对温度的差别大小有关。两个物体之间热能量差越大，热能量大的物体对热能量小的物体的吸引力就越大；两个物体之间热能量差越小，热能量大的物体对热能量小的物体的吸引力就越小。该项由两个独立物体参与的实验表明，地球上两个物体之间的吸引力，与这两个物体各自的温度也有关，同时这个实验也否定了牛顿所认知的万有引力与物体的化学组成（温度）无关的判断。

6-2 环境温度对扭秤实验结果的影响

同样是大连李华旺先生所作的另一个扭秤实验，当有第三个因素——环境温度参与实验中间时，即对大小球所处的环境温度进行调节，当环境温度升高时，扭秤的大球对小球的吸引力降低，当环境温度降低时，大球对小球的吸引力增加[8]。这说明环境温度增加或降低，扭秤中参与实验的大球与小球之间空气介质的温度、浓度都发生了变化，这种两球之间介质物理状态的变化，使得大球对小球的吸引力也随之发生变化。这就证明两个物体之间的吸引力大小，除了受各自本身温度的高低所影响，还受到外界第三方环境温度所左右，我们也可以把第三方环境温度变化，看作是第三方物体的加入对现有两个物体之间的吸引力的影响，同时两个物体之间介质的物理特性，也是不可忽视的重要因素。所以牛顿万有引力数学公式不包括温度这个因子是一个严重的缺陷，至于两个物体之间介质对吸引力大小的影响，更是地球上人们都可以看的到而不知"道"的，这就是所有植物种子的外壳，都是一层相对于内核非常坚硬且致密的一个保护层介质。这个致密的介质层，就是为了保护脆弱的内核不受外力的损害，其中也包括地球吸引力对内核电子的掠夺。许多植物种子如果剥去致密的保护层，尽管没有受到任何可见的外力伤害，但是不用很久，它们就会失去生命的活力，这除了空气中微生物的侵蚀外，地球吸引力也是剥夺种子生命的重要杀手之一。因为缺少了致密外壳介质的保护，地球的吸引力可以很容易吸走种子内生命体中的电子，而让种子失去应有的中性生命体，成为带电体，即使带电的种子又捕获了新的电子让自己恢复到中性，但失去的是有记忆的电子，重新得到的是无记忆的电子，两者有着质的不同，这就是为什么种子去掉外壳长时间储存后，就不会再发芽的道理。日全食发生时，月球遮挡太阳的地区出现重力损失现象，也是月球作为介质，对太阳和地球之间的吸引力产生影响的例证，后面我们会有单独小节讨论此一问题。

6-3 青蛙活体实验

中国研究物理因果关系的学者高国新，在 2015 年 3 月做了多个活体青蛙生前死后重量的变化实验[9]，当青蛙活着时体重较轻，当青蛙死后体重就会增加。这说明青蛙活着时体温较高，青蛙的热能量较大，与地球的热能量之差相对较小，即地球对活体青蛙的吸引力较小，所以活青蛙体重较轻。当青蛙死后，体温下降，青蛙的热能量降低，此时死青蛙的热能量与地球热能量之差相比活青蛙要大，即地球对死后青蛙的吸引力变大，所以死后青蛙的体重增加。

6-4 卡文迪许对牛顿万有引力的否定

卡文迪许在 1798 年，完成了世界著名的扭秤实验，证明了牛顿万有引力定律的正确性，这是科学家们一致的评价和结论。卡文迪许谈做这个实验过程的体会时表示，这个设计精巧的实验，有两方面因素对实验的准确性影响很大，一个是空气的流动，一个是温度的变化[10]。空气的流动对扭秤实验中大小铅球之间的吸引力产生影响，这个大家都容易理解，因为有一个明显的第三方外力，在作用于大小铅球上，使大小铅球之间发生不应该的相对移动。但温度的变化，又是为什么会对大小铅球之间的互动产生影响呢？卡文迪许自认为是由于温度在不同位置和方向存在温差，空气因温差产生流动，从而影响了实验的精准性。在这一点上，卡文迪许本人完全没有意识到，这里面存在重大玄机，全世界所有的科学家们也都忽略了这一个小小的自然界的暗示，都把情绪沉浸在该实验说明了牛顿万有引力定律的正确性被证实这个欢庆的喜悦之中。作者在这里要纠正的是，卡文迪许扭秤实验证明的，是包含着温度因素的万有引力才有可能是正确的，而不含温度因素的牛顿万有引力定律是没有被证实的，这是科学界张冠李戴的乌龙事件。相反，卡文迪许的扭秤实验，恰恰否定了牛顿万有引力定律的正确性，因为牛顿万有引力定律的数学模型中，根本没有温度这个量纲，卡文迪许扭秤实验中温度的变化，就是直接影响万有引力大小的一个重要因素。环境温度是由人们视线之外的一个或许多个物体联合提供，是一个对扭秤实验中大小球之间吸引力施加影响的一种抑制力，这个抑制力以第三方引力场的方式出现在扭秤实验中，它不被看到但却真实隐藏于背景之中。这里就印证了西方人常说的一句话，魔鬼存在于细节之中，这个由两组铅球之外许多物体合成为隐形第三方物体提供的温度，就扮演了卡文迪许扭秤实验里，那个存在于细节中的魔鬼角色。如果卡文迪许注意到，环境温度变化是在对两个大小球之间的吸引力产生直接影响，就会出现 6-2 小节中，大连李华旺先生所作的环境温度变化对扭秤实验会有影响的结论，那么科学界在几百年前就会对牛顿万有引力定律进行修改，使其准确完善。但是卡文迪许受牛顿万有引力定律中，最后那一个定语从句的诱导，没有意识到环境温度的变化，可直接改变扭秤实验中吸引力的大小，而不是通过空气温度不均衡造成空气的流动，再对大小球之间的吸引力产生影响，这样就出现了卡文迪许认为他的扭秤实验结果，就是牛顿万有引力定律所描述的情况，吸引力与介质无关，所以也就忽略了环境温度的因素。他通过扭秤实验的许多次结果，得出平均值，就得到了万有引力常数，然后通过牛顿万有引力数学公式，算出了地球的平均质量，再根据诸多已知数据和地球拥有磁场的客观现实，推断出地球有一个固体的球状铁镍内核。自此，开普勒、牛顿、卡文迪许三人关于吸引力及其运动规律方面各自的代表作，就构成了天文学中的铁三角，并将所有凡是有关物体吸引力方面的理论，都框定在他们铁三角限制的范围内，天文学以及有关吸引力方面的科学理论因此都失去了正确发展的机会。比如：气象学中，为什么台风会主要集中在七、八、九3个月？地球气候变暖，为什么南北极温度上升的最高[11]？为什么中国雾霾增多，会与南北极温度升高同步？地球的自转与公转有什么联系等等，这个铁三角把地球上的许多自然现象，变成了无法破解的自然之谜。因为这个铁三角把人们的思维禁锢在不应该出现的科学理论雾霾环境之中，使人们看不清科学天地远处的景象，所以凡是直接或间接涉及万有引力的事情，人们都会受到那个存在于细节中的魔鬼愚弄，就连牛顿自己也被这个魔鬼所折磨，搞得他一辈子都想不明白，地球为什么会自转，只好把这个不是难题的问题交给上帝去解释了。

6-5 每个人都可以验证的事实

为了验证物体温度对重量的影响，每个人都可以在家里做一个简单的实验。选一个玻璃瓶或其他耐热材料的瓶子，瓶内装满开水，盖好后称一下它的重量，或者做一个简易的天平，一边是开水瓶，另一边是平衡的配重，然后等瓶子自然变凉。当开水瓶降到室温，用塑料袋套住瓶子，放入冰箱冷藏箱里一段时间，如两个小时后，取出瓶子去掉塑料袋，以确保瓶子外侧没有水珠，放回简易天平上，就应该可以看到开水瓶由热变凉后，水面降低了，但重量却增加了。这就是开水时，热水瓶的热能量大，热水瓶的热能量与地球的热能量之差较小，所以地球对热水瓶的吸引力较小，热水瓶就显示出重量较轻。当热水瓶里的开水变凉后，热水瓶的热能量降低，地球的热能量与变凉后的热水瓶的热能量之差变大，地球对变成凉水的同一水瓶的吸引力增加，整个变凉后的水瓶就会变重，也就显示同一水瓶的重量增加。

　　最近有报导说，一个攀登珠穆朗玛峰的印度人，在快要到达顶峰时不幸遇难。他生前体重不到 70 千克，在他的遗体被运回大本营时，救援人员说遗体重量超过 140 多千克[12]，为什么在寒冷的高山上，人死后重量差异会如此巨大？参照"2-4 吸引力的大小与物体自身的温度有关吗？"小节中，范良藻教授他们的实验结果，就可以给出合理的解释：人在有生命的情况下，正常体温在 36.5℃ 左右，珠峰顶部的气温最低可至 -50℃，当人体在珠峰顶部附近失去了生命，那么体温就会降至与外部环境相同的低温，此时人体的体温与有生命时的体温可以相差约近 70℃。就是这高低相差大约 70℃ 的温度，让地球对生前和死后人体的吸引力，或者叫体重发生了明显的变化。

　　以上这些不同的事实表明，无论是地球对地面上其他物体的吸引力，还是地球上任意两个物体之间的吸引力，所有这些吸引力，不仅与物体的质量大小有关，而且与物体本身的温度和物体所处环境（第三方物体提供）的温度高低都有关系，因此牛顿万有引力定律所说，两个物体之间的吸引力大小，与物体本身的化学组成和两物体之间的介质种类无关的论断，是不正确的。

第七章 单极子的二重性

7-1 新概念——单极子

在"2-3 一个物体具有吸引力吗？"小节中，我们已经讨论过，太阳、地球、以及所有星球都具有吸引力，这些星球的吸引力都是指向他们自己球体的质心，所以我们可以把这些具有吸引力，而且吸引力的方向指向自己质心的物体称为单极子。单极子的特性就是它只有一个极点，这个极点就是它的质心，单极子的吸引力方向指向自己的极点，单极子的吸引力大小，是以极点为中心，对外形成球状递减的发散形态。由于不同单极子拥有不同的极点，所以任意一个单极子的吸引力方向，与其他单极子的吸引力方向必然不同，不仅不同，而且因为各自都呈现球状的原因而一定相反，包括与其他单独单极子和群体单极子的合成吸引力方向均相反。或者表述为：所有单极子都拥有相同极性，同极相斥的自然法则也适用于单极子，所以所有单极子都是相斥的关系。

太阳与地球这两个单极子的各自吸引力方向也是相反的，分别指向各自的极点。对于牛顿给出的万有引力公式，只能是牛顿在三百多年前，对客观存在的物体吸引力开创性的发现，并基于他个人对这个新发现的认识，加上开普勒行星运动定律的影响，建立起的一个属于牛顿自己的数学模型。我们不能指望一个人，即使他是一个科学巨人，是物体吸引力的首先发现者，在他三百多年前所拥有的知识和掌握的数据之上，所建立起的数学模型一定是完美无缺，准确反映客观世界真实规律的唯一数学模型。我们也可以从单极子的概念出发，利用人类今天掌握的更丰富更准确的知识，建立一个或许多个，甚至任意多个不同于牛顿万有引力定律，摆脱了开普勒行星运动伪定律的影响，适合于当今客观世界的数学模型。

7-2 单极子的有效吸引力区间

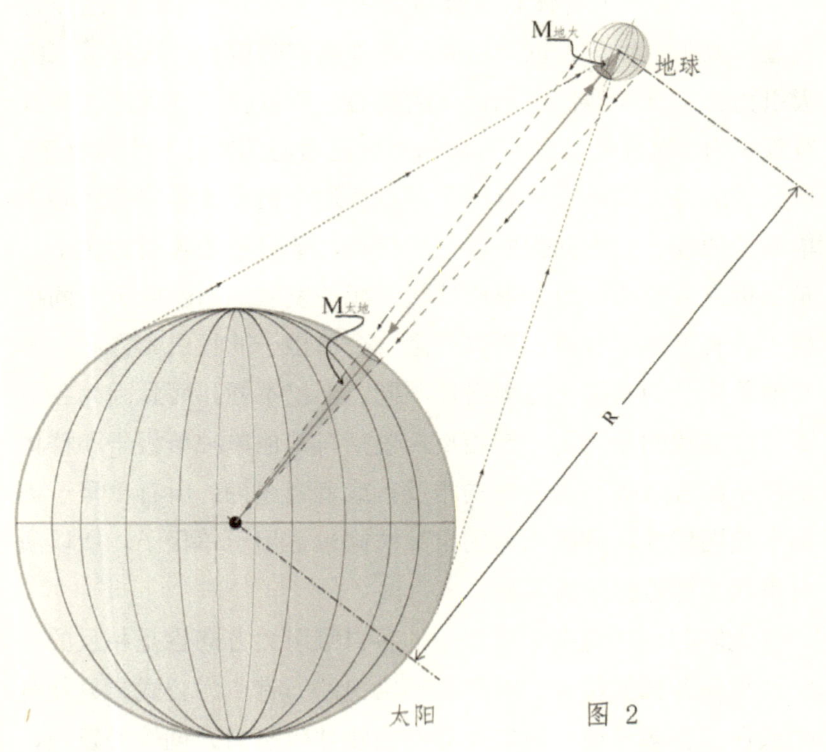

在"5-3 连心线之外的吸引力"小节，我们举出了人的眼泪会向下流淌的实例，说明地球对人体的吸引力，不仅仅在地球与人体两者之间的连心线方向存在，对人体而言，身体上的每

一处，都被从地球质心而来的吸引力所吸引。由此我们可以得出：物体 A 具有的引力场中出现了物体 B，那么物体 B 的每一个组成部分，都会受到物体 A 引力场的作用而承受吸引力，也就是物体 B 肌体内的每一个电子，都在被指向物体 A 的质心的吸引力所吸引；同样在物体 B 的引力场中出现了物体 A，那么物体 A 肌体内的每一个电子，都会受到物体 B 具有的引力场的作用，而受物体 B 的吸引力所吸引，即组成物体 A 的每一个电子，都会受到一个指向物体 B 的质心的吸引力所作用。这样物体 A 吸引物体 B 时，就形成了一个从物体 A 的质心向物体 B 进行中心投影，所形成的物体 A 对物体 B 产生锥形有效吸引力的作用区域；物体 B 吸引物体 A 时，就形成了一个从物体 B 的质心，向物体 A 的中心投影所形成的物体 B 对物体 A 的锥形有效吸引力作用区域。把物体 A 当作太阳，物体 B 当作地球，我们就可以得到图 2 所表示出的太阳对地球吸引时，太阳对地球的锥形有效吸引力物质部分，和地球对太阳吸引时，地球对太阳的锥形有效吸引力的物质区间。也就是说，物体 A 吸引物体 B 时，只有物体 A 对物体 B 的锥形有效吸引力区间的物质对物体 B 产生真正的吸引力，而物体 A 的非有效吸引力区间的物质，即锥形体之外的物质，对物体 B 并没有产生吸引力作用。同样物体 B 吸引物体 A 时，也是只有物体 B 对物体 A 中心投影形成的锥形体之内的物质是有效物质，才对物体 A 产生吸引力作用，而物体 B 非有效吸引力区间的物质，即锥形体之外的物质，对物体 A 也不产生吸引力作用。从这个分析得出的结论，我们就可以解释，太阳黑子的出现为什么有时对地球的影响大，有时又没有什么影响，其原因就是，如果太阳黑子正好出现在太阳对地球的有效吸引力区间，即太阳对地球的中心投影形成的锥形体之内，这个太阳黑子就会对地球产生影响，如果太阳黑子尽管出现了很多，但都没有进入太阳对地球的有效吸引力区间，那么太阳黑子出现的再多也不会对地球产生什么影响。

在 "2-6 物体引力场的大小" 小节，作者给出了物体引力场的定义：一个物体的引力场 F 的大小，与该物体的质量 M 和它的平均绝对温度 K 的某一函数 $f(K)$ 的乘积成正比例关系。平均绝对温度的函数 $f(K)$，是一个比平均绝对温度的平方（K^2）的变化率更大的函数，此函数的具体表达式，需要一些实验和观察测量数据来确定。具体说就是某一物体 A，具有质量 M，在某一时期它的平均绝对温度为 K，那么该物体在这一温度条件下的引力场 F 总能量的大小为：

$$F_A = M_A \times f(K_A) \qquad （公式 1）$$

其中：F_A 为物体 A 的引力场总能量，单位是：kg•K（千克•卡），方向指向自己的质心；M_A 为物体 A 的总质量；K_A 为物体 A 在某一时间段的平均绝对温度（$K_A > 0$）；$f(K_A)$ 为物体 A 关于它的平均绝对温度 K_A 的函数关系式，$f(K_A)$ 是比 K_A^2 的变化率更大的函数关系式。

物体 A 在空间中的引力场，是以物体 A 的质心为单极子的极点，向空间呈球状均匀递减散发，形成物体 A 的引力场。我们定义物体 A 对空间中某一点 b 处吸引力的数学模型为：

$$\vec{G}_{Ab} = \frac{M_{Ab} \times f(K_A)}{R^2} \times \frac{1-q}{K_{环}} \qquad (0 < q < 1) \qquad （公式 2）$$

其中：$\vec{G}_{Ab}$ 为物体 A 在空间 b 点处的吸引力，方向指向物体 A 的质心；

M_{Ab} 为特定锥形体积的质量。以物体 A 的质心为光源，向空间 b 点处照射进行中心投影，得出 b 的形状，在物体 A 的表面，对应形成一个缩小的 b 形状的平面投影，以此 b 点平面投影为顶，高度为从投影到 A 质心的距离，所得到的锥形体积所

拥有的质量就是 M_{Ab}，参见图 2。

K_A 为物体 A 内，M_{Ab} 在某一时间段的平均绝对温度。

$f(K_A)$ 为物体 A 内，一个比平均绝对温度的平方（$K_A{}^2$）的变化率更大的函数，例如 $f(K_A)=e^{T_A}$ 此函数的具体表达式，需要一些实验和观察测量数据来确定。因为选取不同的函数式 $f(K_A)$，就可得到不同的万有引力公式，所以万有引力公式可以是不唯一的，只有近似的公式。

R 为物体 A 的质心到 b 点(或此处物体的质心)的直线距离。

q 为物体 A 表面与空间 b 点或此处物体表面之间的介质影响系数，不同的介质，物体 A 对 b 点的吸引力会产生不同的变化，如完全是真空，则 q 就非常接近 0，M_{Ab} 就没有或极少额外衰减；q 接近 1 表明，物体 A 对 b 点的吸引力被介质几乎阻断。

$K_环$ 是物体 A 与 b 点之间的平均环境温度。

根据我们对物体引力场的定义和吸引力的定义，可以得出：吸引力是引力场中一个子集（呈锥体形状的一小部分）的能量，在某一距离上对另一个质点（物体）可以施加影响程度的具体表现，同时要加上环境因素使这个表现被打折扣。由于物体 A 的吸引力是物体 A 引力场中的一个子集能量，对另一特定物体 B 在某一距离上，改变其运动状态的能力，物体 A 的引力场能量强，物体 A 对物体 B 的吸引力就大，物体 A 的引力场能量弱，物体 A 对物体 B 的吸引力就小，也就是引力场和吸引力呈现同向变化，所以在定性讨论时，吸引力和引力场在变化方向上可以相互替代。

7-3 太阳与地球各自的吸引力

7-3-1 根据前面所列出的，物体 A 在空间某一点 b 处的吸引力数学模型（公式2），把太阳与地球的资料带入公式，可得出太阳对地球的吸引力 $\vec{G}_{太地}$，吸引力方向指向太阳的质心。

$$\vec{G}_{太地} = \frac{M_{太地} \times f(K_太)}{R^2} \times \frac{1-q}{K_环} \qquad （公式3）$$

其中：$M_{太地}$ 是以太阳球体的中心，也就是太阳的质心为灯源，向地球照射，得到地球的整个圆形，此时所对应的在太阳表面形成一个较小尺寸的投影小圆，以此小圆为弧形圆顶，到太阳的质心为高度，形成一个弧形圆顶的圆锥体，该弧形圆顶圆锥体的质量即是 $M_{太地}$，见图2。

$K_太$ 为太阳在某一时段，$M_{太地}$ 圆锥体内物质的平均绝对温度，可视为太阳的平均绝对温度，因为我们无法探测两者有什么不同。但是，当太阳黑子或太阳耀斑出现时，如果地球在太阳表面的投影小圆正好包含了部分黑子或者耀斑，那么此时的 $K_太$ 就会变小或者增大，客观表现就是对地球的吸引力变小了或者增大了。这也解释了，为什么有时太阳黑子出现了很多，但不一定对地球发生影响，那是因为太阳黑子并没有出现在太阳对地球中心投影的区域内。太阳黑子或耀斑对地球产生影响的关键点是黑子或耀斑是否出现在中心投影内。

$f(K_太)$ 为 $M_{太地}$ 圆锥体内关于物质平均绝对温度的某一个函数式，该函数式是比 $K_太^2$ 变化率更大的函数式。

R 为太阳的质心到地球的质心的直线距离。我们现在使用的数据：$R=1.496$ 亿千米 $=1\,AU$。

q 为太阳与地球之间的介质系数，$0 < q < 1$。

$K_环$ 为太阳与地球之间的环境温度。

7-3-2 地球对太阳的吸引力，$\vec{G}_{地太}$，吸引力方向指向地球的地心（质心），把地球和太阳的资料代入（公式2）可得出：

$$\vec{G}_{地太} = \frac{M_{地太} \times f(K_地)}{R^2} \times \frac{1-q}{K_环} （公式4）$$

其中：$M_{地太}$ 是以地球的中心，也就是地球的质心为灯源向太阳照射，得到太阳的整个圆形，此时所对应的，在地球的表面形成一个较小尺寸的投影圆形，以此圆为弧形圆顶，从该圆顶到地球的中心为高度，形成一个弧形圆顶的圆锥体，该圆锥体的质量即是 $M_{地太}$，见图2。

$K_{地}$ 为地球在某一时间段内，$M_{地太}$ 锥形体内的平均绝对温度。

$f(K_{地})$ 为比 $M_{地太}$ 锥形体内物质所具有的平均绝对温度的平方（$K_{地}^2$）的变化率更大的函数式，例如：$f(K_{地}) = e^{K_{地}}$。

R=1 AU 为地球质心到太阳质心的直线距离。

q 为地球与太阳之间的介质系数，$0 < K < 1$。

$K_{环}$ 为太阳与地球之间的环境温度。

7-3-3 当地球的质心到太阳的质心，相距大约 1.496 亿千米，即一个天文单位（1 AU）时，太阳对地球的吸引力 $\vec{G}_{太地}$（方向指向太阳的质心），和地球对太阳的吸引力 $\vec{G}_{地太}$（方向指向地球的质心），在概念清晰的前提下，也可以把 $\vec{G}_{地太}$ 叫做地球对太阳的排斥力，这两个方向相反的力这时彼此相等，地球就停留在了这个距离上，或者说地球被太阳的吸引力锁定在了一个天文单位上。正是这种吸引力大小相等方向相反的距离锁定，才构成了地球，也包括所有行星围绕着太阳公转所必须的条件之一。

7-4 物体与物体之间的吸引力

为了使讨论简单化，我们主要讨论球形物体。每一个独立的球形物体，都具有特定的质量和一个较稳定的平均绝对温度，或者说，每一个独立的星球都是一个单极子，都有一个属于自己的极点（质心），和一个属于自己的以极点为中心的球形引力场，该呈现球形体的引力场方向指向自己的极点（或者说是质心），任意两个不同的球体，都是两个不同的单极子，他们的质心都存在于包含两个单极子的同一个三维空间之中，因此任意一个球体的吸引力方向，与其他所有球体（单极子）的吸引力方向均相反，也就可以推断出，任意两个球体（单极子）之间，首先是相互排斥的关系（包括太阳和地球），当两个单极子的吸引力大小相近，则它们的吸引力绝对值越大，他们之间的排斥力就一定越大。例如，火星和地球是两个吸引力都很大的单极子，那么他们之间的排斥力也会很大，在没有第三或者第四个更加巨大无法抗拒的外力挟持下，是不可能发生火星零距离撞击地球悲剧的。从单极子之间首先是相互排斥的关系出发，也可以否定月球是某一个星球撞击地球，然后从地球中分离出了月球的假说。如果两个单极子的吸引力绝对值都很小，那么他们之间的排斥力也一定很小。例如，人体作为单极子，人体的平均绝对温度不高，质量不大，所以人体的吸引力绝对值很小，两个人之间的排斥力也很小，这样两个人体不用多大的力就能发生碰撞。两个单极子之间的吸引力大小明显不同，那么吸引力大的单极子克服了吸引力小的单极子的排斥力之后，剩余指向自己的吸引力越大，则具有大吸引力的单极子对小吸引力单极子的吸引能力就越大。例如，地球这个单极子对人体单极子的吸引，就是地球在克服了人体对地球的排斥力后，仍有巨大的剩余吸引力，才使人体能够粘贴在地球的表面，而且一个站立的人，无论站立在地球上的任何一处，正常人直立时从头到脚形成的直线，总是指向地球的极点 —— 地心。

7-5 用单极子概念解释若干实验事实

7-5-1 对范良藻教授等所做的，几种金属或非金属材料被加热前后的重量变化实验而言，把地球视为单极子 A，所有参与被实验的材料可视为单极子 B_n（$n = 1,2,3, ...$）。地球（A）对于所有常温下的实验材料（B_n）的吸引力，可视为一个固定值，也就体现在 B_n 常温下各自的重量，这同时说明各个单极子 B_n 在常温下，对地球的排斥力也是一个定值，所以地球单极子 A 的吸引力，减去金属实验材料单极子 B_n 的排斥力后为某一固定值，即 B_n 各自的重量读数。当单极子 B_n 加温后，B_n 的热能量增加，即 B_n 的引力场能量或者说吸引力增加，相对于地球单极子 A 而言就是排斥力增加，地球单极子 A 的吸引力不变，被减项单极子 B_n 的排斥力加大，得出的差值必然变小，也就是 B_n 的重量变轻了。

7-5-2 对于李华旺先生的扭秤实验一，我们视大球为单极子 A，小球为单极子 B。在常温下，单极子 A 和 B 都拥有各自固定的吸引力，且大球 A 的吸引力大于小球 B 的吸引力。当两球接近到一定程度时，也就是两个球各自的引力场强度可以充分影响到对方时，大球对小球的吸引力之差就可以直接观察到，即小球指向自己极心的吸引力，被大球反方向的吸引力所克服，大球仍有剩余吸引力指向自己的极心，这剩余部分的吸引力，就造成了小球向大球方向的位移。当大球单极子 A 被加温后，大球 A 的吸引力增加，当 A 变大的吸引力减去小球 B 不变的排斥力时，差值就一定会加大，也就是大球 A 对小球 B 的剩余吸引力增加了，所以小球向大球方向的位移距离自然就会增加。如果实验者让大球单极子 A 保持常温不变，而适当增加小球 B 的温度，在某一距离上，就应该明显观察到小球向大球的相反方向移动的情况，因为单极子A（大球）与单极子B（小球）之间的吸引力差值被缩小，大球A对小球B的吸引力减弱，即小球B的排斥力增加了，所以小球B在原来被大球吸引至较近的距离上，会增加一些尺度离大球更远一些。

7-5-3 对于李华旺先生的扭秤实验二，当环境温度升高时，大球A对小球B的吸引力减小；当环境温度降低时，大球A对小球B的吸引力增加。这说明大球单极子A和小球单极子B，当在第三方单极子环境（C）出现变化时，由于单极子的特性决定了，大球A和小球B与其他所有单极子的吸引力方向相反，所以第三方单极子环境（C）的吸引力，就会对单极子A（大球）和单极子B（小球）吸引力同时起到排斥作用。这正是我们在本书"5-4 对吸引力认识的逻辑步骤"小节中所谈到的，牛顿万有引力定律只对两个物体之间的吸引力进行讨论，而不知第三方物体出现时，会对已有两物体之间的吸引力产生什么影响。正是牛顿对万有引力这方面认识的不足，才导致对李华旺先生的扭秤实验二，让许多人对此现象感到不解和困惑。对这个第三方环境单极子（C）的温度进行调节，也就是改变第三方物体的吸引力，就能对大球A和小球B之间的吸引、排斥作用进行调节，也就是可以同时降低（抑制）或提高（释放）这两个球之间的吸引力。当第三方环境单极子（C）温度（吸引力）保持不变时，可视为一个固定的常数，对单极子大球（A）和小球（B）的各自吸引力的抑制作用，也是固定不变的，所以可以忽略不计。但是，处在一个稳定的、相对较高的环境温度中的两个实验球体，在某一距离上表现出大球A对小球B的吸引力程度，当第三方单极子（C）环境温度突然降低，也就是C的吸引力被降低，就会同时降低对两个独立的单极子大球A和小球B的排斥力，为了便于理解也可视作C对A和B降低了压制力，使 A 和 B 各自的吸引力获得部分释放，由于大球 A 质量大、体积大，被释放的吸引力远比体积小、质量小的小球 B 所能释放的吸引力大得多，这样相对的大球吸引力增加的就多，小球 B 吸引力增加的就少，大球 A 与小球 B 之间的吸引力的差值就会变大，所以当第三方单极子（C）环境温度降低时，大球 A 对小球 B 的吸引力就会相对增加，使小球进一步向大球的方向移动。如果处在一个相对较低环境中的两个单极子，在环境温度一旦提高的情况下，也就是第三方单极子（C）的引力场强度增加，就会同时降低（抑制）处于该环境中的单极子大球（A）和单极子小球（B）各自对彼方的吸引力，也就是环境温度在大球（A）和小球（B）之间的抑制作用增加，使大球与小球之间的吸引力同时降低，由于大球体积大，被抑制的吸引力就大，小球体积小，被抑制的吸引力就小，相对的大球对小球的吸引力之差就比原较低温度下明显降低，导致小球原来处于某种稳定的被大球吸引的位置，使小球产生需要远离原来被大球吸引力设定的位置，这就表现为当环境温度增加时，大球对小球的吸引力减小。这种多于两个物体单极子之间的吸引力变化情况，有兴趣的读者，也可以用向量几何中的知识，用向量运算的工具表示出来。该项实验意义重大，可以对许多令人费解的现实中相关的客观事实，给出合理的解释。

7-5-4 生物青蛙（单极子）活体实验，与金属（单极子）B_n 的加热实验是一个道理，只不过生物青蛙活体实验，不需要人工去对实验体单极子进行温度处理，而是让实验体（青蛙）自己进行体温变化，针对不同时间、不同体温的青蛙相对于地球的吸引力全程测试。活体青蛙由生到死，也是参与试验物体温度由高到低的变化过程。活体青蛙体温较高，此时单极子（青蛙）吸引力较大，也就是对地球的排斥力较大，所以活青蛙体重较轻，青蛙死后体温降低，此时单极子（死青蛙）吸引力变小，对地球的排斥力减小，相对的地球对死青蛙的吸引力差值增大，所以青蛙死后体重变重。这里也可以解释大家常说的一句口头语：死沉、死沉的！实际这就是人们感觉的到，而不知道其道理的一个真实现象的准确描述。

对于珠峰攀登者在生前和死后身体重量增加约一倍的情况，更明确指出牛顿万有引力定律不包括物体温度的因素，是一个不可回避的错误。人是恒温动物，正常情况下体温都在摄氏 36.5 ℃ 左右。但是一旦人失去了生命迹象，那么尸体的温度就会降到与外界环境温度相同的温度。在八千多米高度的珠穆朗玛峰附近，气温常常会降到摄氏零下三、四十度，最低可达零下五十度。在这样的低温环境下，地球原本对所有物体的吸引力都大，在冻僵的尸体处于零下三、四十度时，地球单极子与活体人单极子之间的吸引力之差，要明显小于地球吸引力与低温僵尸之间的吸引力之差，也就是地球对低温僵尸的吸引力要显著大于对活人的吸引力，所以活人和死人在体温相差大约摄氏 70℃ 时，体重可以看到十分明显的差异。

7-5-5 在这里，作者提出一个验证牛顿万有引力定律是否正确的简单方法。任何有条件的实验室，都可以在实验小白鼠身上打上麻药，称一下活体小白鼠的重量；然后把昏迷的小白鼠放在零下 30℃ 的冷冻冰箱里冻成僵尸，接着用同一个计量秤在相同的环境下，再测一下僵尸小白鼠的重量。如果僵尸小白鼠与活体小白鼠是同一个重量，那么牛顿认为物体的温度与它具有的吸引力无关的判断是正确的。如果僵尸小白鼠与活体小白鼠重量不同，或者说僵尸小白鼠比活体小白鼠要重，说明物体吸引力的大小与物体本身的温度有直接关系，那么你就可以拿起手机，通过无线网络向全世界宣布，你用事实证明了物体之间的万有引力大小，是与物体本身温度高低有直接关系的。

7-5-6 环境单极子对地球上物体重量的影响，以往不被人们所认识，只在各种试验室内，人们注意到要保证计量仪器的准确性，就要保持实验室的恒温，但在实验室以外的开放环境中，如果对一千千克的黄金，在不同温度下进行称重，就会发现一千千克黄金会出现不同的重量差异，从而导致较大金额的意外盈或亏。

这里我们对一个历史事件进行一种全新的解释：从前有一个商人，在荷兰买了5000吨青鱼，装上船直接运到了索马里首都摩加迪沙。到了目的地一称重量，少了30多吨，奇怪！货没有被偷，没有什么损耗，这30多吨青鱼哪里去了？从过去直到目前人们的解释是，因为摩加迪沙是在赤道附近，由于地球的自转产生较大的离心力所造成重量差异。但现在我们考虑了环境温度这个第三方单极子影响之后，我们就会给出一个不一样的解释：5000吨青鱼在荷兰时，由于地理位置处于北纬52度的较高纬度地区，环境温度较低，每条青鱼都是单极子，在较低的环境温度下，青鱼与地球这个大单极子构成一个在较低温度下稳定的重量值，总共5000吨；但当鱼被运到接近赤道的摩加迪沙后，同样的青鱼单极子与地球这个单极子所处的环境温度，被太阳这个第三方单极子改变了，此地的纬度只有2度，与荷兰北纬52度地区的温度相比，平均要高出20℃；在赤道附近，太阳提供的较高环境温度，对青鱼和地球这两个单极子的吸引力，都拥有明显的抑制作用，造成地球对青鱼的吸引力减小，每条青鱼的重量减少一点，把5000吨众多青鱼减少的数量累计起来，就是一个相当可观的数字，从5000吨少了30吨计算，可得知重量少了约0.6%，这就是大约20℃的环境温度差异，对青鱼这种单极子重量的影响。

7-5-7 这种环境温度对物体重量的影响，在以重量为计算单位的大宗国际贸易中，今后应该成为一个必须考虑的因素。例如：冬天交货和夏天交货，低纬度地区交货和高纬度地区交货，都可能造成重量差异的积累，最终形成较大的意外损益。同样对于重量十分敏感的卫星发射工程来说，一个起飞重量 250 吨的长征 4 号丙运载火箭[13]，在同一地点 0 ℃ 发射和零上 20 ℃ 发射，环境温度相差 20 ℃，若按 0.5% 的重量差异计算，在零上 20 ℃ 时发射，火箭起飞重量相当于比 0 ℃ 时发射减轻了 1250 千克的重量，这对保证火箭发射成功，或加大负载量都是极其有利的。这里虽然只是数字上的计算游戏，但火箭发射时环境温度对起飞重量可能造成的影响，应该引起有关部门和人士的关注。其实把卫星发射基地放在靠近赤道的地方，不仅可以利用地球自转产生的较大离心力来加大火箭运载能力，同时赤道附近环境温度较高，地球对火箭的吸引力降低，同样的火箭推力，就可以搭载更重的物品。用环境温度对两个单极子之间吸引力的影响，我们还能解释许多自然现象，例如：为什么有些疾病容易在凌晨发作？早晚天上为什么云彩常常比中午时段多？雾霾天气为什么一般早晚作乱，中午少见等等。对于这些与第三方吸引力有关的自然现象，我们会在别处讨论。

第八章　对人们身边一些自然现象的新解释

8-1 地球就是一个大手炉

把炭火放在一个有透气孔的小容器内，容器的材料可以是金属，如：铜、铁、铝等，也可以是陶、瓷等非金属材料，这就是一个小手炉。如果感到温度较高，可以再包几层耐热的布，这样一个外部温度适中的手炉就产生了。地球就是这样一个遵循相同道理的大手炉，内部是一个炙热的岩浆球状体，岩浆外包裹了一层厚厚的地壳，地球的表面就变得不再那么热了。在"2-7 蜡烛和白纸的故事"小节中，从小蜡烛能使附近的白纸变成黑炭的事实描述，可以得出，高温单极子对相对低温单极子物体中的电子，具有强制掠夺、吸引的能力，在冬天人们手捧小手炉，感到手上暖哄哄的，也是因为手炉单极子的相对高温，把手上皮肤表面的电子吸走后，丢失了许多电子的原子就会显示出较强的正电性，这种较强的正电性，传递给神经系统的感觉就是发热。这种发热是由皮肤丢失电子换来的，当感觉到温暖的同时，也会发现手上的皮肤干燥了、萎缩了，这就是丢失电子带来的副作用。同理，地球这个大手炉单极子，也对附在他表面上的一切相对低温的单极子，包括人体，都在分分秒秒进行电子掠夺。正是地球对地表上所有物质肌体上电子的吸引、掠夺，才构成了地球上物体的重量，一个物体它的体积越大，它所拥有的电子数目就越多，在相同时间内被地球吸引的电子数目就越多，它受到的地球吸引力就越大，对这种吸引力的衡量标准——重量，也就越重。苹果在树枝上越长越大，它被地球吸引的电子数量越来越多，也就是苹果本身的重量越来越重，当树枝与苹果连接处接近无力再承受苹果的重量时，加上空气流动的外力推动，苹果就会在与树枝衔接处断开，从而发生苹果从树上自然掉下来的现象，也就是人们广为流传的，苹果砸到了牛顿头上的轶事。

从小手炉到地球大手炉的实例中我们可以看到，手炉的外壳就是一种致密的介质，内部高温物质所具有的吸引力，通过这些致密的介质后被降温、被减弱了，这就是两个物体之间的吸引力受介质影响的实例，所以牛顿理解的万有引力把介质因素对吸引力的影响排除在外是不妥当的。

8-2 人为什么要吃饭

地球这个大手炉，利用他拥有的强大吸引力，对包括人体在内的一切有生命和无生命的物体，甚至水和空气，都在分分秒秒地吸引和掠夺他们身上的电子。对人体而言，每分每秒都在流失一定量的电子，人体为了保持生命的持续，就必须每天多次进食、喝水，通过新陈代谢过程，把食物和水加工成具有各种不同特殊适用性的、包含了那些丢失了电子的有机高分子模块，也就是我们称为营养的东西，经由血液循环系统，把这些拥有不同适应特点的全新有机高分子模块，输送到身体的各个部分，以替换各处损失电子后降低了功能的残缺高分子模块。

如果人体经常处于饥饿状态或进食量不够，新陈代谢过程制造出的新有机高分子模块的数量，不足以弥补被地球吸走了电子后造成的残缺高分子模块数量，那么人的身体重量就会很快出现下降，或健康程度下滑的情况，为了维持人体生命的健康和活力，这就需要人们不断的进食喝水。

航天员之所以一进入太空失重状态，就没有了在地面上正常的食欲[14]，那是因为一旦进入太空失重状态，人体就处在地球吸引力大大降低的环境中，也称作微重力环境，人体内的电子就不会像在地面那样被地球吸引力大量吸走。人体内电子没有那么多损耗，也就没有那么多补充的需求，所以人体的自然反应就是不再像在地面那样，要用大量的进食来制造包含丢失了电子的有机高分子模块，进行残缺有机高分子模块的置换，结果就表现出人在太空中缺少食欲了。要想在微重力环境里多吃饭，只能想办法增加额外运动或其他特殊途径，使身体发热，让微弱的地球吸引力，可以把人体中增加了动能的电子顺利吸走，通过创造人体电子容易损失的环境条件和事实，才能给人体的新陈代谢提供更多的机会，也就自然使航天员增加食欲了。

8-3 来自中国水饺对经典定律的挑战

我们煮水饺时，生饺子下到锅里都是沉在锅底的，当饺子煮熟后，都会浮在水面上。人们对这种现象都是用阿基米得定律来解释，水饺煮熟后，体积变大，排开的水量就多，因此就上浮。没有人会用牛顿万有引力定律，来解释饺子煮熟后漂在水面的现象，因为牛顿万有引力定律解释不了水饺生沉熟浮的自然现象。难道中国的水饺不受地球吸引力的吸引，或者不完全受地球吸引力的作用吗？非也！而是牛顿万有引力定律自身有缺陷，没将物体拥有的温度变化包含在内，才使牛顿万有引力定律无法解释水饺既会下沉又会上浮这个与温度变化有关的事实。

对于同一个现象或事实，从不同的角度出发，可以给出不同但一样是合理的解答。例如某一个数学问题，人们可以用几何的方法解决，也可以用代数的方法解决，甚至还可以用微积分的方法解决。对于饺子煮熟后会漂浮在水面上的现象，除了通常的应用阿基米得定律解释这种现象外，我们也可以用单极子的概念来解释。家中包好的饺子，它们每一个单独的个体都是一个单极子，它们的馅内都含有水分，在正常大气压环境下，当水饺被水加热到100°C（绝对温度373.15k）后，外部的水就会变成水蒸气逃出水面进入空气中，所以水饺的汤，在掀开锅盖煮时，最高温度只能达到100°C（绝对温度373.15k）。而饺子内部的水，被加热到100°C（373.15k）后，同样也会变成水蒸汽，但受到外层皮的包围阻隔，这些皮内的蒸汽无法外逃，只能在体内聚集，同时还不断地继续被加热，这样水饺内部的温度就会远高于外部热水（汤）的温度。尽管水饺皮的外层和汤的温度相同，大约是水汽化前的温度，但内部在高温水蒸气的主导下，远高于外层皮和汤水的温度，这样作为单极子整体，水饺的平均绝对温度，要高于汤水的温度，也就是说煮熟的水饺，比接近100°C的汤（水）对地球拥有更大的排斥力，表现就是这些煮熟的水饺，都会拥挤着漂浮在离地球最远的地方，即汤水的最上层。

开水为什么总是从下向上翻滚，而不是向左右两边横向翻滚，在单极子的概念下，道理和水饺上浮一样，被加热那部分水的温度，比周围的水温要高，高温度的这部分水对地球的排斥力就大，所以高水温部分就会尽量远离地球，这样高水温部分自然就会垂直向上运动，而不是向左右平移，相对低温的水，就自然会向因高温的水上升时腾出来的地方去补充空缺，这就形成了开水不断地从下垂直向上翻滚的现象。

8-4 孔明灯、热气球和锅中元宵的异同

把孔明灯和热气球看作是一回事，没有人会有疑问，两者只是物体的体积不同，热量和载重量不同罢了，但是把孔明灯和锅中元宵、水饺放在一起讨论，似乎风马牛不相及，甚至是水火不容的事情。但是在单极子的概念下，孔明灯、热气球、烧开水、煮元宵这些都是相同的道理。把孔明灯和热气球看作是单极子，孔明灯热量低，对地球的排斥力小，只能携带小的质量（如十几克）飞离地球表面；热气球热量足，对地球的排斥力大，所以可以带动几十千克，甚至几百千克的物体飞向天空。而锅中元宵、水饺也是一个个的单极子，元宵被煮熟时，内部的热蒸汽高温使元宵整体的热量要高于汤的温度，元宵就拥有了比汤更大的对地球的排斥力，所以在汤中，熟元宵、饺子就升了起来，漂在元宵、饺子汤的最高处，也就是我们看到热的熟元宵、饺子都拥挤着上浮在了汤水的表面。

从孔明灯、热气球，到煮元宵、烧开水，凡是涉及到物体温度变化，就会感到牛顿万有引力定律失灵，这就表明牛顿万有引力定律排除温度这个因素是一个重大的不足。

8-5 烤羊肉串和人们睡觉中翻身的关系

8-5-1 看过烤羊肉串的人都知道，下面炭火烤着上面被串成串的生肉，只要是被炭火直接照射的那个面，都会被首先烤

熟，这就是需要把炭火看成一个平面向上平行投射，凡被炭火平面直接投射到的生肉部分，就会首先变黄，而后向黑色转变成为熟肉。这是因为炭火这个单极子，由于拥有高温，对被置于附近上部较低温度的新鲜生肉单极子，具有强大的吸引力，从而使生肉在炭火直接投射烤着的那部分的原子核外电子被强行吸走，使被烤的投射面部分，因大量失去电子而首先部分的碳化变熟、变黑，而未被炭火直接照射的部分，还是生肉，即电子尚未被炭火单极子所吸走。这说明高温单极子的吸引力只走直线，只对直线投影面上的电子产生极大的吸取掠夺作用，而对于非直线投影面上物体的电子，因为被遮掩（介质不同），需要很长的时间才会被炭火所掠夺走，即说明炭火单极子吸引力的穿透速度较慢，或者说介质对吸引力的衰减程度有明显的影响，所以烤羊肉串的师傅都必须不断的转动羊肉串，使羊肉串的每一面，都能均匀地被下面的炭火直接投射热量，烤照大约相等的时间，才能保证羊肉串各个面相同的成熟度，并保证羊肉串内部的温度够高，使羊肉串肉熟可吃。单极子吸引力只走直线的事实，在烈日下人们也可以感受到。夏天正午在太阳暴晒下的人们，只要戴一顶草帽，就能避免太阳的巨大热量对人体皮肤的灼伤，也就是避免太阳这个单极子的巨大吸引力，把我们皮肤上的电子吸走，否则烈日直接照射人脸或人体的任何一处皮肤，只要稍长一点时间，人们就会发现自己的皮肤被晒成了红色，实际就是和烤羊肉串同样的道理。单极子的吸引力，对沿直线直接照射的另一物体表面产生最大的作用，对该物体内部的吸引力会迅速降低，这一方面是距离的增加，另外更重要的决定性因素是介质系数急速变大。这也同时证明在牛顿对万有引力的理解中，断言两物体之间的吸引力与介质种类无关是不准确的。

　　8-5-2 地球这个大手炉，对粘附在他上面的所有物体，都拥有像炭火烤羊肉串那样摄取电子的特性，只是掠夺电子的剧烈程度要小得多，否则地球上就没有生物了。由于地球对地上所有物质的电子，都在分分秒秒不间断地、在垂直投影面范围内进行掠夺性吸取，这就产生了物体垂直向下的重力。对人体而言，地球对人肌体上电子的掠夺，也体现在人体对地面垂直投影部分，这样我们就可以给出一种解释，为什么人体保持一个姿势不动，时间长了就会感到不舒服，一定要改变一下姿势来解除这种不舒服。这是因为一个姿势长时间保持不动，意味着人体对地球的垂直投影长时间保持不变，那样地球对该人体电子的掠夺，只局限在这个人对地面垂直投影内，而该人别处的电子损失量小，就会形成该人体内电子丢失程度的严重不平衡，也就会显示出明显的人体身上静电压不均衡，形成体内电压差，所以就会引起人体的不舒服，促使人要活动一下，改变原来姿势的欲望，也就是改变一下人体对地球的垂直投影，使人体各处电子丢失程度接近平衡状态。即使人在睡眠中，一个姿势睡久了，也会无意识地翻身改变一下睡姿，让自己在新的睡姿下再继续舒服的睡觉。这种无意识的睡姿改变，应该是为了改变人体对地球的垂直投影，使人体各个部分的电子损失数量达到相对平衡，这也是人体为了适应地球的吸引力这个客观环境，而做出的适应性自我调节。

第九章 对地球内部结构的重新认识

9-1 地球内部是空心的腰鼓型柱体

  液体在没有外力的作用下，会自然形成球状体这个事实，可以在中国女航天员王亚平的太空实验课中看到[15]。在失重的条件下，水球会随着注入水量的增加，而变得越来越大，但始终保持着圆球形状。这是液体在其他外力的影响小于自身固有张力的情况下，自身液体张力起主导作用的结果。地球在最初始阶段，是无形状的液态熔岩，在失去外界影响力后，靠自身固有的液体张力，收缩形成了一个高温液态熔岩球，随着熔岩球不停运动和时间的推移，熔岩球的最外层逐渐冷却后，形成坚硬的外壳，这便是最初的地表。

  地球存在自转，并有自转轴，地球内部的岩浆就会以自转轴为中心，沿地球自转方向同时旋转。大量旋转的岩浆就会产生一个垂直于自转轴向外的离心力，这些携带着离心力的巨量岩浆，就会对岩浆上部（或叫外部）的硬质地壳产生压力，这个由于地球自转带动，使内部岩浆具有离心力，从而对地壳产生的压力，会随着地球的自转速度加快而同步增加，当地壳某处承受不了这个越来越大，由内向外的离心力转化而成的压力时，此处就会像高压锅的安全阀，在此处被内部压力冲破一样，这个破裂口子就会出现火山爆发现象，大量地球内部的炙热岩浆从此处喷发而出，这就是这类火山爆发的成因。每次火山爆发，地球内部都会损失一部分岩浆，同时也会等量地增加一部分地球内部的空腔容积，这样随着岁月的增加，火山爆发不断的出现，地球内部空腔的容积也会越来越大，由于地球不停自转，内部岩浆也在不停地旋转，这就会形成一个以自转轴为中心轴的空心旋涡轴，该空心旋涡轴会贯通地球上下（即北南），空心旋涡轴的上口就是北极，下口就是地球的南极。

9-2 小实验解古登堡界面之谜

每个人都可以做一个实验，用一个透明塑料球，装水到50%~80% 满的程度，然后让这个球旋转起来，操作者就可以看到这个水球内，会出现一个贯穿上下，中间空心的漩涡状空心轴。装不同的水量，选择不同的旋转速度，水球内的漩涡空心轴的形状会发生变化，但这个漩涡空心轴始终存在，上下出口始终存在，上下出口的中心点始终不变。这应该就是地球内部真实状况的模拟缩小版。看似简单的一个小实验，通过它却可以给我们带来当今科学界遇到的许多疑难问题的明确答案，也可以纠正我们对自然界的一些不准确的认识，还可以开阔我们地球人的视野，丰富我们的知识。例如：地球内部存在的两个界面，一个是在 33 千米深度的莫霍界面，另一个是在 2885千米深度的古登堡界面。对于浅层的莫霍界面，就是小实验中的塑料球外壳与内部水的接触面；塑料球的塑料厚度，相当于地球的地壳，约有 33 千米的厚度；运动中旋转水的厚度，就是地幔熔岩的厚度；漩涡空心轴的壁就是古登堡界面，相当于2885 千米的地球深度。地震波中的横波在传播到古登堡界面后就突然消失，是因为古登堡界面往下进入了空旷的漩涡空心轴，没有任何可供横波传播的固体媒介，所以横波就消失了 [16]。通过这个小实验，我们就可以解开地震横波在古登堡界面消失之谜，而且在地球不同的纬度地区，人们所测得的古登堡界面深度可能会略有不同，但将所有同一经度的古登堡界面深度测定点连接起来，应该形成一条比较平滑的曲线。将许多这些成条状的古登堡界面上经向平滑曲线连接起来，就应该是地球内部漩涡空心轴的外形，或者叫古登堡界面立体图。在解开了古登堡界面之谜后，人们就可以很容易计算出地球的真实质量。

9-3 地球磁极的恒定性

从这个小实验中，我们可以看到，球的大小可以变，球内水量的百分比可以变，水球的旋转速度可以变，漩涡空心轴的形状可以变，但唯有一点是不变的，这就是旋涡空心轴两端出口的中心点是固定不变的。这就告诉我们，地球的极点，也就是南北极的中心点是不会改变的，所以地球不存在南北磁极对调的可能性。但是包裹着漩涡空心轴和地幔的地壳是可以移动的，今天覆盖在北极极点上的那一小块一平方千米的地壳，一万年后可能移动到了若干千米之外的某处。或者说，今天南北两个极点上覆盖的那两块一平方千米地壳，一万年前可能并不在当前两极极点的位置。地壳的这种移动造成了地球磁极对调的假象，也就误导了人们对地球真实面貌的正确认识。在后面我们揭示了地球的公转和自转的原理后，我们就可以清楚的看到，不同年代地球岩石和矿物质遗留下的地球磁极方向的变化，实际是在地球自转过程中，地壳不断的扩大和变动，由于地球黄赤交角的存在，地壳所受太阳吸引力的作用和地球自转产生的离心力方向有一个大约 23°度的夹角，这就使地壳在变动中，会受到一个扭力的作用，结果就是地壳发生移动，或者所谓的大陆板块漂移时，实际还同时伴随着旋转运动，这样随着岁月的增长，地壳的变化，有些地块可能就会旋转180°，看似地球南北磁极对调，有些可能花费更长时间旋转了一周，有些可能旋转了几十圈，看似像地球磁极经常对调[17]。其实所有宇宙中旋转的星球，每一个都是陀螺仪，陀螺仪的特性就是，一个旋转物体的旋转轴所指的方向在不受外力影响时，是不会改变的。结合上面的小实验就明确告诉我们，地球磁极是不会变化的，因为地球内的旋涡空心轴是不变的，除非有巨大的、不可抗拒的地球外部力量介入，使地球的自转发生停止，而后再改变方向重新启动，这时的自转轴产生改变，才会出现新的南北极，这在后面我们会讨论到。

9-4 小实验带来的启示

从这个小实验中，告诉人们，地球为什么在某个时期会被水所覆盖，因为在那时，地球内部接近实心，所以地球的体积很小，地球上火山爆发也很少，以现在地球上的水量，对比当时实心、小体积的地球，是完全可以覆盖当时地球表面的。现在地球的体积变大，表面积增加，原来的那些水不足以完全覆盖住地球了，所以就会有陆地露出水面，否则按照物质不灭定律，原来那么多的水都到哪里去了？谁能给出合理的解释？这也从另一个角度揭示了，寒武纪生命大爆发出现的所有动植物，为什么都是水中生物，原因就是地球在寒武纪的初始，仍是一个小体积的星球，被水包裹着，所以地球上出现的生物一定是要适应水中环境的生物。由于寒武纪以前的地球接近实心，体积远比现在的要小很多，所以那时地球的体积是比现在的火星体积还要小，吸引力也比火星要小，由这个推论出发，加上作者在另一本书中给出的生命产生理论，还可以推出火星上高等级生物要早于地球高等级生物出现在太阳系中。这个小实验还解释了其他一些自然现象，包括：地球内部的热源来自哪里，地球的南北极为什么会有永冻地带，地球为什么会有板块运动等等。关于这些，在后面的章节中会有进一步讨论。

9-5 铁镍地核结构面临的质疑

9-5-1 当前的主流理论是，利用牛顿万有引力定律，计算出地球的平均质量，减去地壳和地幔的质量，剩余一个巨大的数字，然后就人为臆测，创造出了一个地核，把这个数字强加在地核的头上，由于地球拥有磁场这个事实，因此想当然地断言，地核必须是一个可以产生电流，以铁镍元素为主的实心体。但是这个由人为捏造出来的铁镍固体内核，是如何变成了发电机，以什么样的运动方式来发电的？就再也没有人可以给出解释了。把目前教科书上的这个主流观点与我们前面的小实验相比，作者认为地球内部是旋涡状空心轴的模拟实验结果，应该更符合逻辑，更接近事实真相。因为牛顿万有引力定律是不考虑物体温度的，遇到物体有温度因素参与其中，尤其物体拥有较高的温度，牛顿万有引力定律内置的病毒就会发作，计算结果也会失真，这在前面的章节中已经说明，而地球内部恰恰是高温熔岩体，所以用牛顿万有引力定律计算出的地球质量必然出错，利用错误的数据为基础，再去分析地球上的其他自然现象，理所当然地会出现理论结果与实际感知的明显偏差，使人们面对客观现实时，常常都会遇到无法用现有科学理论解释的自然之谜，这不是世界太奇妙，而是我们人类拥有的理论知识有瑕疵。

9-5-2 事实上，当利用牛顿万有引力定律计算出了所谓的地球质量，并得出结论：地球的地核是一个半径约有 3470 千米、占整个地球质量 31.5%、高密度的、实心的、铁镍固体后，科学家们就再也无法对地球上的许多自然现象给出合理的解释了，因为牛顿万有引力定律已经把认识自然界的正确道路堵死，将人们引向了完全错误的方向，而且是一个死胡同。当我们用现有的理论无法解释客观存在的自然现象时，科学家们就应该理性地审视我们拥有的知识工具是否合适，如果发现我们的知识或采用的工具不合适，那么就应该果断更新知识，找出正确的理论和工具来合理解释自然现象。在我们采用合乎逻辑的思维方式，得出地球应该是一个具有漩涡空心轴的球体后，我们眼前的科学雾霾就会立即消失，许多过去谜一般的地球自然现象，我们都可以给出清晰、简单、而且合情合理的解释，如：地球为什么会有磁场？地球为什么会有极光？地球的某个时期为什么会只有一个大陆？是什么未知原因导致今天地球气候快速发生了重大变化，其重要程度远比当前主流观点：二氧化碳排放引起温室效应的影响要大数倍到数十倍？人类应该如何做才能阻止这个未被认知的巨大危险进一步发展，避免人类最终像恐龙一样在地球上灭绝的命运？所有这些我们会在后续章节或另一本书中逐一讨论说明。

9-6 地球的南北极为何是永久冰冻地带

现在对南北极的寒冷现象，科学界的权威解释是，南北极接受的阳光照射较少，冰雪反射阳光较多，导致两极常年处于冰冻状态[19]。本书作者认为，在地球的南北两极，就是地球旋涡空心轴的两个空心开口，在南北两极的地壳下，没有炙热的岩浆烘烤，所以从南北两极的中心点向外画圈，直到旋涡空心圆环口的边缘，都是常年得不到来自内部地下炙热岩浆烘烤区域。另外一方面原因，就是空气介质厚度的影响。由于地球的大气层在地球吸引力作用下，随地球的形状也呈现球状，在太阳直射地球顶处区域，也就是赤道附近低纬度区域，地球上空的大气层厚度最薄，太阳对这个地区的吸引力（或者说热辐射）衰减最少，这个地区就是中午最热的时段；顶部左右的地区，地球经度增减，太阳斜射条件下大气层变厚，太阳对这些地区的吸引力衰减被加大，形成早中晚时段之间的温差；顶部上下，也就是离赤道稍微远一些的中纬度南北地区，形成了冬天和夏天的季节温差；离顶部更远的南北两极地区，大气层厚度对太阳光而言是最厚的两个区域，太阳吸引力在这两个地区的衰减程度最大，能够提供的外来热能最少，加上地下有一个旋涡状空心轴的南北出口，地球内部的热熔岩无法对南北两极空心口处的地壳加热，所以地球南北两极在既缺乏来自太阳提供的外热，又缺乏来自地下岩浆烘烤的内热情况下，只能处于常年低温状态，这就形成了地球两极的永冻地带。最近有些永冻地带开始融化，这主要是由于地下炙热岩浆进入了过去不曾到过的极圈禁区，向地壳提供热量而造成，所以地球南北两极温度升高的方向，不是从外部向地下进行，而是从地下内部先升温，再向地面上部传导热量。对于南北两极的地壳下面，为什么会有岩浆进入永冻区，作者会在另一本书中给出详细解释。

第十章 地球磁场的来源

10-1 地球磁场产生的原因

在"2-8 吸引力的作用点就是电子"小节，我们明确指出物体之间的吸引力就是吸引对方肌体中的电子，在"8-1 地球就是一个大手炉"小节，讨论了地球这个大手炉，对地球自身以外的所有物体中的电子，都在分分秒秒地进行着吸引和掠夺，在"9-1 地球内部是空心的腰鼓型柱体"小节，推导出地球旋涡空心轴的存在，那么这几个小节的内容相结合，就清楚的解释了地球磁场是如何产生的了。

地球这个单极子，依靠它强大的炙热熔岩，使他拥有了巨大的吸引力，能对贴附在它表面和临近空间的所有物质，包括有生命和无生命的固体，也包括看得见的液体和看不见的空气等等，进行强制性电子掠夺。这些不停被掠夺的电子，通通进入地球内部，从进入地壳后，这些电子就开始随着深入而逐渐加温，穿过熔岩区后进入空心轴，到达地球单极子的质心区域，这些自由电子来自地面以上的四面八方，统统都汇聚于此，地球的质心区域就会被吸引进来的自由电子所充斥。因为地球在不停的自转，内部漩涡空心轴就会不停地旋转，稠密的自由电子中，那些靠近空心漩涡壁的电子，就会被岩浆漩涡裹挟着，随着漩涡的方向，沿空心漩涡的壁，也就是古登堡界面，螺旋着向前移动，这些沿着螺旋壁移动的电子，就形成了有统一方向、持续不断、螺旋前进、巨量高温电子流。这个空心漩涡轴是由地球的自转所生成，所以空心旋涡轴的螺旋方向与地球的自转方向一致，都是由西向东。按照电磁学中安培第二定则，即通电螺线管定则，右手握住通电螺旋管，让四指指向电流的方向，即由西向东的空心漩涡方向，则大拇指的那一端，就是通电螺旋管的 N 极，也就是地球的北极。至此我们就可以清楚的了解到地球磁场的来龙去脉，这就是：因为地球单极子拥有强大的内部热能和巨大的质量，所以就具有巨大的引力场，在地球引力场强势区域内的所有物质，包括粘附在地球表面上的固体和液体，以及附近空间大气层内的一切大小微粒和空气，都受到地球吸引力所吸引，亦即这些物质身上的电子，被持续不断的掠夺式吸收，使大量电子源源不断的进入地球内部，并被逐步加温，最后汇聚在地球单极子的极点周围，也就是地球的质心区域，而后在地球旋涡空心轴的不停转动下，靠近旋涡壁的高温电子，就会被旋涡壁转动的力量，由岩浆剐蹭着带走，这些被带走的电子会沿着空心旋涡轴与岩浆的接触面，也就是古登堡界面，呈螺旋形前进，就如同绞肉机的工作一样，把生肉放入旋转的绞肉机中，然后生肉就会随着绞肉机中螺旋丝杠的螺旋纹路，被强制沿螺旋方向均匀前进，直至出口。这些沿螺旋方向统一流动的高温自由电子，实际形成了一个无导体的、巨大的超级螺旋管状的电子流，这个没有电阻、具有超导体效果的螺旋电子流，同时会产生巨大的电磁效应，也就是伴生出强大的磁场，这就是地球磁场产生的原因。

10-2 地球极光产生的原因

10-2-1 上一小节（10-1），谈到地球空心漩涡轴，裹挟着大量高温自由电子，沿空心漩涡轴的壁，呈螺旋形前进，当这些高温电子到达地球北极的出口处时，便会以圆环状出现在外部世界。得益于螺旋状的前进轨迹，使得这些冲出地球北极地面的高温自由电子，保持整齐划一的方向垂直向上，维持一个不变的方向前进。大量冲出地壳表面，且拥有高速、高温、高能量的自由电子，整齐的垂直冲向空中，当到达高空 60~1000 千米的区域，也就是以带正电离子为主的电离层空域时 [20]，这些带负电的自由电子中的一部分，就会被带正电的离子所捕获，两者结合生成新的、稳定的中性原子。高能自由电子，被正离子捕获而失去自由的同时，会被迫降低能量，释放出光子 [21]，当大量自由电子在相近的时间，相近空域内先后释放光子，在黑暗背景下，即夜空中，人们就可以用肉眼观察到这种释放光子的现象，这就是人们所看到的北极光，这也是从太空中向下俯视北极光现象时，北极光为什么会呈现园环状的原因。我们人类利用太空探测器拍摄到的其他星球上的极光现象，也都是呈现圆环状，道理与地球极光产生的原因应该都是一样的。当太阳风暴出现后，太阳风暴带来大量的正电离子，会使地球电离层带正电的粒子数量陡然增多 [22]，也就是正电离子浓度加大，在电离层中，被捕获的来自地球北极的高能高温自由电子数量，也会正比例增加，所以每次太阳风暴出现后，南北两极的极光现象就会特别壮观。

10-2-2 出现在南极的极光，是那些未被北极上空捕获的电子，在洛伦茨力的制约下会遵循地球磁力线的轨迹，在空中绕一个圆弧从南极对称地进入漩涡空心轴的入口，返回地球内部形成一个闭合回路，在这些电子冲进大气层中的电离层时，又被带正电的离子进行一次捕猎，被捕捉到的电子同样会降低能量释放出光子，与正电离子结合组成新的稳定原子，然后待机降落地面，这就形成了南极的极光现象。由此也可了解，洛伦茨力主导了自由电子冲出地球后的运动过程，地球磁场的磁力线，实际就是制造南北极光现象的自由电子的运行轨道，因为电子带负电荷，同极性的电子之间互相排斥，所以人们臆测的磁力线是不会相交的。更进一步推测，如果在平常不能看到极光现象的较低纬度地区也可以看到极光了，就说明路径较短的电子，或者说离地球表面较近的地球磁力线周围也充满了带正电的离子，亦即电离层带正电的离子浓度太高，使那些冲出地球北极时没有被捕获的电子，在它们改变运动方向，沿地球弧度朝南极前进的途中，被正电离子所捕获，这些已经远离北极的电子就会在失去动能时放出光子，让那些不在北极的低纬度人们也有机会看到极光现象。

10-3 地球空心旋涡轴南北出口处直径的大小

上一节我们分析了地球南北极极光呈现圆环状的原因，也就是高温高能的自由电子，沿旋涡空心轴的壁，垂直冲出北极地壳和返回南极地壳时，在电离层被正电离子捕获，降低能量释放光子产生了极光，整体上展现出地球内部空心旋涡轴的出口形状和尺寸，它的形状为近似圆形，尺寸为南北纬度67°的圆环 [23]，这里应该就是地球空心旋涡轴的南北口径大小。因为人们所看到的极光，基本都出现在南北纬度67°的圆环左右，67°以上的更高纬度，极光出现频率明显少于67°的圆环左右，而低于67°的低纬度地区，则是弱极光区，这表明地球的空心旋涡轴的南北空心口边缘就在南北纬 67° 附近，以纬度 67° 为界，大于 67° 的更高纬度地区，就是真正进入了地球的最寒冷地区，即南极圈和北极圈，这也接近人们定义的南北极圈的纬度 66.34°，因为大于 67° 的南北极圈内的地壳下，是空旷的、没有炙热岩浆烘烤的、无地下热源区，也就是地球的永冻地带。知道了地球空心轴两个端口的圆面积，地球南北的总长度，地球自转的速度，熔岩的密度，不同纬度地区古登堡界面的深度，人们就可以用实验的方法和数学模型仿真的方法，分别推算出地球旋涡空心轴的正确形状和容积大小，再从地球旋涡空心轴的容积大小，就可以直接得出地球真实的质量。这个地球的质量，会比卡文迪许，或任何现代的理论利用牛顿万有引力定律计算出来的地球质量，要小得多。正是因为地球的真实质量，比用牛顿万有引力定律计算出来的小很多，当地球在其接近实心的若干亿年前，地球那时的体积一定比现在小很多，有了此种推断，才会出现地球被海水完全覆盖的可能性，才会有地球曾经成为一个大水球、大冰球的历史时期。

10-4 地球上电子迁移运动的大周期

　　通过前面几个章节的讨论分析，我们可以看到，地球上电子迁移运动的几个略有不同的路径，本节这里只对有关人类身体上的电子迁移路径加以总结。地球这个大单极子，靠自身的质量和炙热岩浆产生巨大的吸引力，把地球表面以上粘附的所有物体，包括有生命和无生命物体中原子核外的电子强行吸走，这些经过与原子核固有吸引力的拔河竞争，地球取胜后被吸离原来所属物体的电子进入地球表面，随即就穿过地壳、地幔、最后进入漩涡空心轴内的地球质心区域，即地球中心点附近，这些自由电子在地球单极子的极点汇聚成堆，当那些汇集于此处的稠密自由电子与旋涡空心轴的边缘相接触时，旋涡空心轴边缘的旋转岩浆就会把与之接触的自由电子刮蹭着带走，使它们与旋涡状转动的岩浆一同旋转，并被迅速加速沿螺旋方向前进。这些源源不断地被螺旋运行的岩浆刮蹭着带走的自由电子，既被高温岩浆所加热，同时又从杂乱无章变成了井然有序的状态，沿螺旋方向等速前进，形成巨量无导体自由电子流，这个巨量螺旋形前进电子流的伴生品——地球磁场，也就同时产生了。当这个有序自由电子流沿螺旋方向冲出地壳，即脱离地球内的旋涡空心轴北部圆形出口后，每个电子都像冲出枪膛的子弹直射天空，在天空中的电离层，这些电子中的一部分被带正电离子所捕获，它们在失去自由之身的同时释放一个光子，这就产生了北极光。闯过北极上空电离层的电子，受洛伦茨力主导沿闭合磁力线轨道在进入南极上空的电离层时，又一次被大量正电离子所捕获同时放出光子，导致南极光现象的出现，也标志着大量中性原子的诞生，这些中性原子受地球吸引力的吸引就会下沉，聚集在南北两极的低空，构成空气的一部分，当南北两极低空的空气浓度增加到一定程度时，就会形成两极的高浓度低温空气向地球中部的中低纬度地区扩散。以北极为例，当北极上空的冷空气聚集到一定程度时，就一定会有冷空气南下，形成一年数次的寒潮或冷空气来袭，在这种北部冷空气南下的移动中，遇到低纬度地区的暖空气，冷暖空气交汇就有较大机会形成降水天气[24]，那些降水受益地区的生物，包括人类，就获得了赖以生存的水源，这些饮用了水的生命体或生命圈中的物体，在生存的过程中，同时又被地球掠夺着身体内的电子进入地球质心，这就形成了电子在地球上，通过有生命的物体这条路径的一个循环周期。所以当人们看到夜空中的极光时，

说不定其中某一个光子，曾是自己体内的电子此时释放出最后的能量在天际闪耀。

10-5 行星拥有磁场的两个必要条件

从地球磁场产生的原因小节（10-1）中，我们可以总结出，一个行星所拥有磁场的强度，是该行星所能获取自由电子数量和自身转速两个因子乘积的函数。也就是说，一个行星要想拥有磁场，它必须首先要有可以从行星表面以外，大量吸取电子的原料来源，只有可以得到源源不断的电子供应，才具备产生电磁效应的先决条件。其次是该行星必须要有一定的自转速度，只有达到一定的自转速度，该行星才会生成旋涡空心轴，才能使吸入行星内部的自由电子形成定向电子流，从而产生磁场。这两点缺一不可，依此两个必要条件，我们就可以解释，为什么火星有与地球相似的自转速度，却没有磁场，是因为火星没有大气层，或者说大气层很稀薄，表面又没有水和生物，缺乏电子原料来源，只有沙粒和碎石提供很少的电子，尽管他内部拥有旋涡空心轴，也有南北极，但没有足够的电子流就无法形成明显的火星磁场，或者说火星磁场十分微弱。为什么金星没有磁场，尽管它的大气层浓度远高于地球，拥有充足可供吸取的电子原料来源，但金星每 243 天才自转一周 [25]，转速缓慢，在金星内部无法形成旋涡空心轴，也就无法使杂乱无章的电子形成整齐的电子流，没有电子流就没有电磁效应，所以金星也没有磁场。同理可以推断，那些有极光的星球，不仅会有适当快的自转速度，也一定会拥有他自己的大气层或行星表面充足的液体，以及属于它自己行星的较强磁场。

10-6 地球磁场强度变弱的解释

　　从第 10-1 和 10-5 两小节的分析中，我们了解了星球磁场产生的原因。近年来，我们的科学工作者检测到，地球的磁场正处在减弱的时期，又发现一些自然界存在的被磁化物质表明，它们的磁极在不同年代被旋转过，因此就有学者提出了地球磁场正在南北极互调过程中的说法。通过我们给出的地球磁场产生的原理来评判，只要地球的自转方向不变，地球的自转空心漩涡轴的南北方向就不会变，地球内部电子螺旋前进的方向就不会变，由此产生的地球磁场的方向就一定不会变。在"9-3 地球磁极的恒定性"小节，我们已经论述过，在地球这个大陀螺仪维持自转方向不变的特性支撑下，地球的自转方向是恒定的，所以地球磁场的方向是不会改变的。但现在客观上检测地球的磁场强度确实在减弱，这个现象如何解释呢？这就要从产生星球磁场的两个必要条件去找出问题，一个是地球内部的自由电子数量可能减少了，使电磁效应降低，另一个是地球的自转速度可能变慢了，这两种情况为什么会发生？地球的磁场方向不变，为什么会有不同的矿物质拥有不同年份、不同方向的旋转？我们在后续的章节讨论中会给出合乎逻辑的解释。

第十一章 太阳系行星运动新解

11-1 热气球升空与太阳系行星运动是相同道理

11-1-1 不同于目前流行的热气球升空的解释，我们从单极子的概念来说明热气球为什么会升空。用单极子的吸引力公式来描述地球对热气球的吸引力可表述为：

$$\vec{G}_{地热} = \frac{M_{地射} \times f(K_{地})}{R^2} \times \frac{1-q}{K_{环}} \quad (0 < q < 1) \quad （公式 5）$$

其中：$\vec{G}_{地热}$：为地球对热气球的吸引力，方向指向地球的质心（极点）。

$M_{地射}$：是以地球的中心（极点），也就是地球的质心为灯源，向热气球照射，得到热气球的整个圆形，此时所对应的，在地球的表面形成一个较小尺寸的圆形（应该与热气球对地面垂直投影接近相等），以此圆为弧形圆顶，从地球表面该投影圆到地球的质心距离为高度，这就形成一个弧形圆顶的圆锥体，该圆锥体的质量即是 $M_{地射}$。

$K_{地}$：为地球与热气球对应同一时间，$M_{地射}$ 锥形体内的平均绝对温度。

$f(K_{地})$：为 $M_{地射}$ 圆锥体内物质所具有的，比平均绝对温度的平方（$K_{地}^2$）变化率更大的，关于地球内部温度的函数式，例如：$f(K_{地}) = e^{K_{地}}$。

R：为地球质心到热气球质心的直线距离。

q：为地球与热气球之间的介质系数，$0 < q < 1$。

$K_环$：为地球与热气球之间的环境温度。

11-1-2 热气球对地球的吸引力可表述为：

$$\vec{G}_{热地} = \frac{M_{热射} \times f(K_热)}{R^2} \times \frac{1-q}{K_环} \qquad (0 < q < 1) \qquad （公式6）$$

其中：$\vec{G}_{热地}$：为热气球对地球的吸引力，方向指向热气球的质心（极点）。

$M_{热射}$：是以热气球的质心（极点）为灯源，向地球照射，得到地球的整个圆形，此时所对应的，在热气球的表面形成一个圆形，以此园为顶，到热气球的质心形成一个圆锥体，该圆锥体内的热空气质量（或称为部分容积内的热空气质量）即是 $M_{热射}$。

$K_热$：为热气球 $M_{热射}$ 锥形体内的热空气平均绝对温度。

$f(K_热)$：为 $M_{热射}$ 圆锥体内热空气所具有的，比平均绝对温度的平方（$K_热{}^2$）的变化率更大的，关于热气球内温度的函数式，例如：$f(K_热) = e^{K_热}$。

R：为热气球质心到地球质心的直线距离。

q：为热气球与地球之间的介质系数，$0 < q < 1$。

$K_环$：为热气球与地球之间的环境温度。

11-1-3 当热气球对地球的吸引力大于地球对热气球的吸引力，即：$\vec{G}_{热地} > - \vec{G}_{地热}$，也就是对地球吸引力的方向而言，热气球的排斥力大于地球对热气球的吸引力，那么热气球就会垂直向上脱离地面而进入空中。顺便对照一下，按照牛顿万有引力定律，热气球与地球之间的吸引力应该是大小相等、方向相反，所以热气球不应该垂直升空；一旦升空，热气球也不应该降下来，牛顿的这种吸引力理论明显不能解释热气球升空现象。

当热气球对地球的吸引力等于地球对热气球的吸引力，即：$\vec{G}_{热地} = - \vec{G}_{地热}$，热气球此时就会悬浮在空中任意一点。

当热气球对地球的吸引力小于地球对热气球的吸引力，即：$\vec{G}_{热地} < -\vec{G}_{地热}$，热气球不仅升不起来，还会使已悬在空中的热气球垂直降下来。

11-1-4 热气球与地球之间的相互吸引与排斥的示意图，参见（图3）。

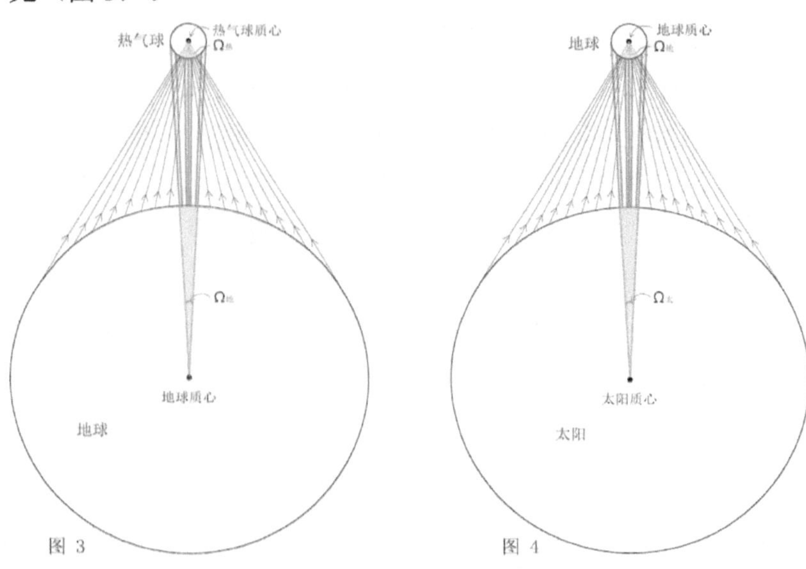

从（图3）热气球与地球相互吸引和排斥的示意图可看到，在热气球对地球的吸引力中，圆锥体的角度 $\Omega_热$，要大于地球对热气球的吸引力中圆锥体的角度 $\Omega_地$，即：$\Omega_热 > \Omega_地$。这是因为地球的直径要远大于热气球的直径所决定的，这也就决定了热气球对地球的吸引力作用面积，要远比地球对热气球的吸引力作用面积大的多。就是说，地球对热气球的吸引力（方向指向地球），是靠占有绝对优势的吸引力强度来吸引热气球，其吸引力作用面积仅仅是热气球对地面的近似平行投影面积。而热气球对地球的吸引力（方向指向热气球），是依靠更大的面积对地球产生吸引力，吸引力作用面积是整个地球的可视面积，这无数个弱小吸引力之和，就能使总的吸引力达到与地球的反向吸引力相抗衡的结果。

　　11-1-5 相同的道理，我们把热气球看作是地球，把示意图 3 中的地球看作是太阳，就可得到示意图 4，那么太阳对地球的吸引力（方向指向太阳），其吸引力对地球产生作用的最大区域，仅仅是地球面向太阳，大约半个地球正对着太阳近似平行投影的面积。而地球对太阳的吸引力（方向指向地球），其发生作用的最大区域，则是接近太阳的半个球面。在地球距离太阳约 1.496 亿千米（1 AU）的某一处，地球对太阳的总体吸引力（方向指向地球），与太阳对地球的吸引力（方向指向太阳）两者力量相等，方向相反，因此地球就悬停在了此处，就像热气球在地球的上空悬停在某高度一样。当地球与太阳的距离小于 1.496 亿千米时，也就是地球接近太阳时，地球对太阳的吸引力中，圆锥体的角度 $\Omega_{地}$ 增大的速度，要大于太阳对地球的吸引力中，圆锥体的角度 $\Omega_{太}$ 增大的速度，所以地球对太阳的吸引力（方向指向地球）增加的量，比太阳对地球的吸引力（方向指向太阳）增加的量要大，也就是最终结果地球对太阳的排斥力增加了，所以当地球与太阳的距离小于 1.496 亿千米时，地球就会通过迅速增加自己的排斥力，而使自己（地球）返回到与太阳的吸引力相平衡的距离。当地球与太阳的距离大于 1.496 亿千米时，也就是地球发生远离太阳的情况时，地球对太阳的吸引力中圆锥体的角度 $\Omega_{地}$ 减少的速度，要快于太阳对地球的吸引力中，圆锥体的角度 $\Omega_{太}$ 减少的速度，所以地球对太阳的吸引力（方向指向地球）减小的量，要比太阳对地球的吸引力（方向指向太阳）减小的量要多，也就是最终结果，太阳对地球的吸引力相对增加了，所以当地球与太阳的距离大于 1.496 亿千米时，太阳就增加了对地球的吸引力，就会拉着

地球向自己（太阳）靠近，直到地球对太阳的排斥力迅速增加到可以抗衡太阳对地球的吸引力为止，也就是在 1.496 亿千米距离时，两个方向上的引力场各自向对方发出的吸引力相平衡，地球就可以安稳的悬停在此处，作者把地球与太阳之间的这个二力平衡稳定的距离称作"空间距离锁定"；把两个星球靠近时，在没有第三者可以改变这两个星球中任何一个运动状态的条件下，由于彼此之间的相互吸引力与排斥力必然会达到平衡而产生空间距离锁定的规律称作"空间距离锁定法则"。

11-2 太阳系行星为什么会绕太阳公转？

11-2-1 在 11-1 小节中我们已经分析过，当地球具有远离空间距离锁定的趋势时，太阳就会相对的增加对地球的吸引力，拉着地球向自己靠近，即会有一个方向指向太阳质心、并且大于地球排斥力的吸引力作用在地球上，使地球改变原来的运动方向，朝太阳质心的方向做加速运动。在这里我们做一个虚拟小实验：前面有一个匀速前进的汽车，用一根 5 米长的绳子拉一辆无动力四轮小拖车，我们会看到这根 5 米长的绳子，一会绷紧拉一下，小托车就快速接近正在匀速前进的汽车，而后绳子就会软下来，因为拖车的速度超过了前面拉着它跑的汽车的速度。同样被太阳吸引的地球，在位于太阳的身后时，由于太阳本身在向前运动，使地球有被甩离太阳的倾向，即地球与太阳的距离朝着大于 1.496 亿千米的方向变化，太阳就会加大对地球的吸引力，使地球产生一个加速度向太阳快速靠近，在地球朝着太阳做加速运动的同时，地球对太阳的排斥力也在增加，当两个星球间的距离达到 1.496 亿千米时，地球与太阳之间的距离就达到了动态平衡，这个过程就是空间距离锁定发挥作用的过程。在空间距离锁定条件下，两个星球之间的距离处于稳定状态，两个星球之间的吸引力大小相等，方向相反，合力为零，牛顿万有引力定律仅在此时成立。地球被太阳甩下达到 1.521 亿千米的远日点，由于太阳相对增加了吸引力，即合力不为零，便会又拉着地球快速向合力为零的距离稳定状态 1.496 亿千米转变，这就出现了地球追赶太阳的速度要快于太阳本身前进的速度。

11-2-2 从上面汽车拉拖斗车所描述的虚拟实验中，我们可以获得启发而推断出地球（包括所有行星）绕太阳公转的动力，一方面是太阳本身在银河系中运动，这是行星公转运动的根本动力来源，二是太阳与各个行星之间的空间距离锁定法则的约束，这两个因素缺少任何一个都不会出现行星绕太阳公转的现象。两个星球之间的空间距离锁定，就相当于一根看不见的绳子，把两个星球绑在了绳子的两端，当太阳向前运动时，一定会带动行星一起运动，而地球（包括所有行星）就是那个无动力拖斗车，随匀速运行的太阳做不匀速的运动，这就是地球的公转速度有时快有时慢的情形。过去建立在太阳是恒定不动基础上的理论，包括开普勒行星运动定律和牛顿万有引力理论，是无法解释为什么地球和所有行星会围绕着太阳进行公转这一现象的。

11-3 地球绕太阳公转的真实轨迹

11-3-1 现在已知，太阳带领整个太阳系以每小时约 8.37 万千米，比地球上音速快 68 倍的速度，沿一条微微弯曲的弧线，在银河系中一刻不停地向前飞奔着。也就是每 1 个地球年，太阳在银河系中运行 73321 万千米，即 7.3 亿千米，在这个大前提下，就决定了太阳系内所有的星球，都是在时速 8.37 万千米的系统内，做各种运动。我们对地球绕太阳公转的具体运作，进行一次实际图上推演，看地球是如何绕太阳公转的，其结果与我们已有的地球公转认知会有什么不同。

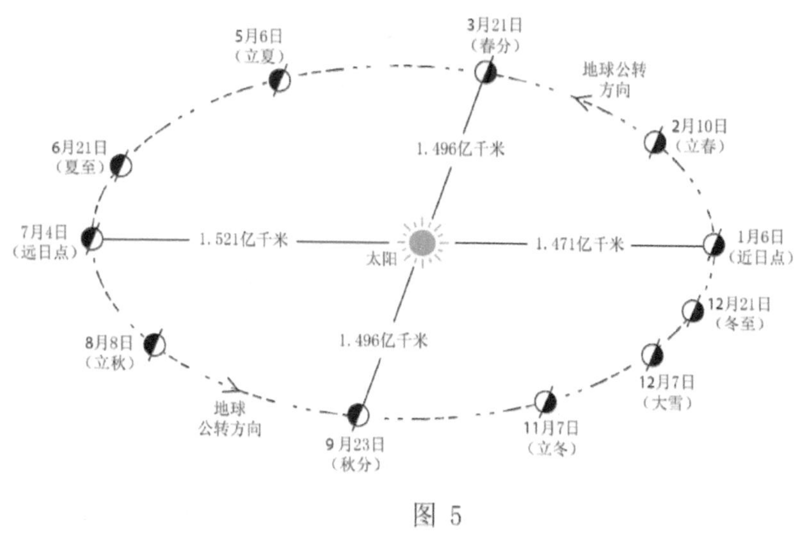

图 5

11-3-2 地球与太阳的空间距离锁定是 1.496 亿千米，每年的 7 月 4 日左右，是地球的远日点，为 1.521 亿千米；1 月 6 日左右，是地球的近日点，为 1.471 亿千米；加上我们已经知道，公历每年的 9 月 23 日前后若干天，对应的是中国农历的秋分，公历 3 月 21 日前后若干天，对应着中国农历的春分，以及在其他几个重点农历节气时，地球与太阳的相对位置都有比较准确的资料，这样我们就可以在许多有关的数据库中，发现类似图 5 描述地球在围绕静止不动太阳公转时，农历节气对应太阳位置的示意图，其中所标识的公历和中国农历日期均为相近日期，每年都会发生变化，但相差不会太远。

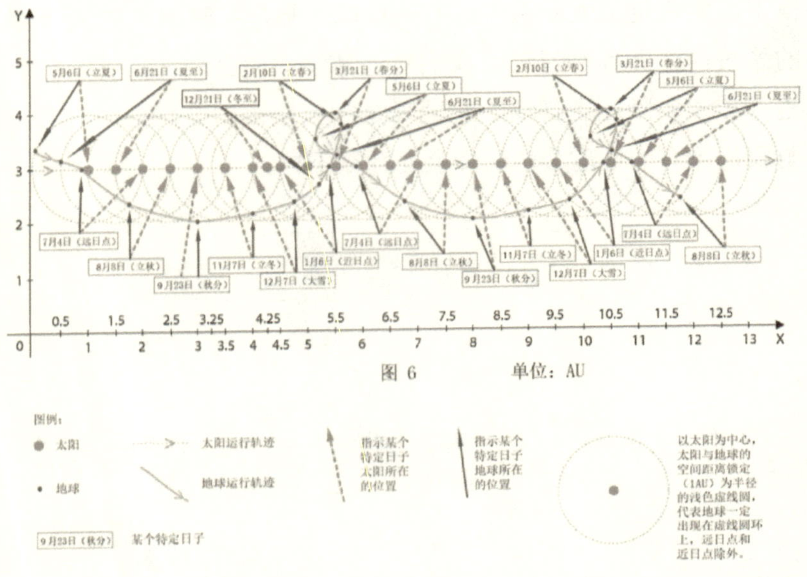

根据图 5，我们也可以绘制出太阳运动时，一年中与地球之间的相对位置图 6，从而就可以得出地球一整年绕着太阳公转时，从太阳系外观察地球的实际运行轨迹。本书下面为了便于讨论，选取 1.496 亿千米的近似值 1.5 亿千米作为替代值。我们设定某一长度为地球与太阳之间的空间距离锁定值 1.5 亿千米（1AU），将太阳运行 1 个地球年走过的 7.332 亿千米距离，近似取值为 7.5 亿千米，误差是 2.29%，这是为了绘图和计算较方便而为之，这种小差异并不影响地球运行轨迹的总趋势。以太阳系外银河系中的某一点为坐标原点，以太阳运行方向为 x 轴方向，x-y 轴构成了黄道平面，选取天文单位（AU）为黄道平面坐标系的单位，我们每隔 0.5AU，画出一组太阳与地球之间的相对位置图，这样当太阳运行 1 地球年，也就是在银河系行走大约 7.5 亿千米（5AU）时，我们就能得出许多组从太阳系外看地球时，地球与太阳在一个地球年中，不同时段两者当时的相对位置图形。然后我们把地球在所有时段标出的位置，用曲线连接起来，就能形成一个地球随太阳运动时的轨迹图，这样图 6 就展现在了我们眼前。沿 X 轴方向直线排列的较大圆点代表太阳，呈曲线排列较小的略微深色小圆点代表地球，粗虚线箭头和粗实线箭头成双出现，粗虚线箭头指向太阳的位置，粗实线箭头指向同一天地球所在的对应位置。每一个代表太阳的较大圆点都对应一个浅色虚线圆，代表半径为 1.5 亿千米（1AU）的空间距离锁定，表示当时的地球一定是在浅色虚线圆环上，但是近日点和远日点除外。淡色实线就是地球随太阳在银河系中运行，同时又绕太阳公转，在各个时间节点上的相对位置的连线，这个连线所呈现出的就是地球公转运行轨迹。从这条淡色实线我们可以看出，在太阳系内部观察，地球是绕着太阳在进行几乎接近正圆的公转（图 5），但从太阳系外看地球随太阳运行，则呈现出一个螺旋线形的运动轨迹，这与前面 4-6-2 小节中，那个灯泡在奔跑的列车上绕操纵者运行，同时在外面小山包上观察者看到，灯泡呈螺旋线轨迹的虚拟实验结果一致，但这与现在人们所拥有的地球围绕太阳公转的轨迹构成一个椭圆的概念大相径庭。

11-3-3 从图 6 中我们可以看出，行星绕太阳公转的动力来自两处，一是太阳在银河系的运动中向前行进产生的动力；二是地球与太阳两个星球之间的空间距离锁定提供的联结力。至于太阳前进的动力来源应该是由银河系内星系运动规则所提供，我们不再深入讨论。图 6 中每一组太阳与地球的相对位置，都满足或是等同于图 5 中，我们在地球上观察到的地球与太阳的相对位置。所以对于身处两个不同坐标系统的人，所观察到的同一个地球绕太阳公转运动这件事情，会得出两个完全不同但都是正确的两个结论。一个以太阳为坐标原点，从太阳系内的视角出发所得结论是：地球绕太阳公转呈现的是接近正圆的圆周运动，但存在一个远日点和一个近日点，对这两个特殊点的形成原因无从得知。另一个以太阳系外某一点为坐标原点，从太阳系外看地球绕太阳公转，又会得出一个不同的结论，就是地球随太阳系运行时，在与太阳保持一个不变距离的前提下，运行速度很快从后方赶超到太阳的正前方，当地球运行到太阳的正前方时，地球的运动方向与太阳的前进方向逐渐接近垂直，所以太阳继续前行直接逼近前方横向运动的地球，就像十字路口绿灯直行的大货车，会撞上闯红灯横向穿行的自行车一样，不同的是自行车对大货车的排斥力不够大，会被大货车撞上，而地球拥有足够大的排斥力，当太阳逼近到一定的程度时，即太阳与地球的距离被压缩到 1.471 亿千米，地球的排斥力就会瞬间爆发，出现天文学家口中的行星进动现象，也就是地球会突然改变圆滑的前进方向，形成一个弹离太阳的夹角。在地球进动现象发生前的最后一刻，也就是地球与太阳之间的距离因太阳向前行进而最大限度的压缩，使地球被动形成了在 1.471 亿千米处的近日点。换种说法，当地球横穿太阳前方时，太阳前进使地球与太阳的距离变近，地球就对太阳的排斥力迅速增加，从而推着太阳以免撞上自己，由于太阳与地球之间的吸引力强度差距太大，地球无法推动太阳，只能靠推太阳产生的反作用力，把自己弹离太阳，这就形成了在近日点的地球进动现象，这种近日点的形成和近日点产生的进动现象，是在地球上的人类从太阳系内部的角度无法看清的，就如同一个身在房间内的人，是看不到、或描绘不出整个建筑物外形的，只有当他走出这个建筑物之后，从外面才能看清整个建筑物的外貌。由此可以推论，所有太阳系行星的近日点，都是出现在太阳运行方向的正前方。此时行星的运行方向与太阳的运行方向垂直，并在近日点受到太阳前行撞击，形成行星的进动。

11-3-4 从图 6 中我们也可以清楚的看出，地球的远日点是如何形成的。在近日点后，地球就成了太阳前进道路上的绊脚石，被太阳挤到了一边，靠着与太阳的空间距离锁定，在被太阳挤开的同时，保持着地球与太阳之间的约 1.5 亿千米距离。在大约 3 月 21 日左右，或者说在农历春分前后，地球沿 1.5 亿千米的空间距离锁定，被挤到最边缘处与太阳平齐反向的位置，此后地球开始被太阳抛离，大约 5 月 6 日左右，或者说是农历立夏前后，地球在遭受被太阳抛离后，依旧受到空间距离锁定法则所庇护，从地球被抛弃的距离超过 1.5 亿千米开始，太阳与地球之间相互吸引力和排斥力平衡为零的局面被打破，太阳吸引地球朝向太阳移动的吸引力开始变大，地球被太阳的吸引力所吸引，有一个指向太阳的正向加速度，但地球在加速过程中，开始阶段绝对速度仍然低于太阳的前进速度，所以地球在加速朝向太阳运动的前期，也就是从公历 5 月 6 日左右，或者说是农历立夏前后开始，一直到 7 月 4 日左右的远日点前将近两个月的时间里，地球一方面加速向太阳运动，一方面地球与太阳的绝对距离之差仍然在加大，到了远日点这一天，地球与太阳的距离被拉到最大，达到 1.521 亿千米，就形成了远日点。在远日点这一时刻，地球的绝对速度已经从低于太阳的速度，变成了等于太阳的速度，在地球达到了与太阳同一速度运行后，太阳仍在稳定的前进，空间距离锁定保证了太阳在远日点的吸引力大于地球的排斥力，继续赋予地球一个正向加速度，所以从远日点之后，地球的速度开始超越太阳的前进速度，使地球与太阳之间的距离开始缩小，这个距离缩小到 1.5 亿千米时，地球对太阳的排斥力已经等同于太阳的吸引力，所以地球不会进一步靠近太阳，但是地球的运行速度仍然大于太阳的运行速度，地球才有沿 1.5 亿千米与太阳保持不变距离的前提下，在公历 9 月 23 日左右或农历秋分前后，达到从太阳的后方追平太阳，并与之齐头同向平行运动的短暂时刻出现，这就是地球远日点的形成机制。

11-3-5 从图 6 中，我们也可以得出在 7 月到 9 月之间，地球上为什么会比较多地出现台风，因为这期间是地球在太阳系内公转运行中速度最快的时段。从远日点的 7 月 4 日左右，地球公转的速度开始超越太阳运行的速度，直到 9 月 23 日前后的农历秋分期间，地球的行进速度比所处在的太阳系整体运行的速度还要快，地球上空大气层的变化也就必然剧烈，所以地球表面大范围的强气流风暴现象也就成了最活跃时段。最容易理解和最容易接触到的示例就是，人坐在行驶的汽车中，打开车窗，车速缓慢时，车内气流速度也慢；车速较高时，尽管外部大环境可能无风，但车内气流速度也会变的很快，这与地球上台风产生的原因有部分相同之处。

通过本节（11-3）的讨论和图 6 的展示，可以看到地球公转的运行轨迹是一个螺旋线形，所以我们完全可以明确地否定开普勒行星运动第一和第二定律的存在，也就更没有正确性可谈。那么证明开普勒行星运动定律是正确的牛顿万有引力定律，也一定存在着错误的地方。同时，我们可以看到，所有的八大行星都有三个共同时间点：一个是在中国农历的春分时间点上，地球以及所有行星的运行方向与太阳的行进方向呈现完全相反（180°），这个方位的时间点就是所有行星运行方向的拐点，也就是相对太阳来说，所有行星在这个拐点的运行速度为 0。第二个是在所有行星的远日点，他们的公转速度都是与太阳的前行速度相等，即：8.37 万千米 / 小时。第三个共同时间点是在秋分的方位上，所有行星都是他们公转的最高速时间点。加上我们已经测得所有行星与太阳之间空间距离锁定的准确数值，以及他们各自的公转周期，这样我们就可以通过多种数学工具，计算出每一个行星、每一个瞬间的运行方向和精确的速度。

11-4 地球和所有星球为什么会自转？

11-4-1 通过前一节 11-3 的系列讨论分析，我们了解了太阳系行星为什么会绕着太阳公转，而且公转轨道始终是以运动着的太阳为中心变速前进的螺线形。其最根本原因是，所有星球都是单极子，单极子的特性就是对内方向的吸引力与对外方向的排斥力共存，当两个星球单极子相处于某一空间距离时，彼此对另一星球的吸引力和排斥力都达到了平衡，这两星球之间相互吸引力平衡时对应的稳定不变距离，就是空间距离锁定，这个存在于两个星球之间的空间距离锁定，是宇宙中所有星球之间互动时都必须遵循的法则。由于太阳自身在银河系中运动，引起太阳系内太阳与各行星之间吸引力与排斥力的平衡距离不断被打破，这些距离又因为同时具有被锁定的特性，而会自动恢复到空间距离锁定的平衡点，在这种不断打破平衡与自动恢复平衡的过程中，就形成了行星绕一直运动着的太阳周期性公转，在各行星公转的过程中，就附带产生了各个行星的自转。

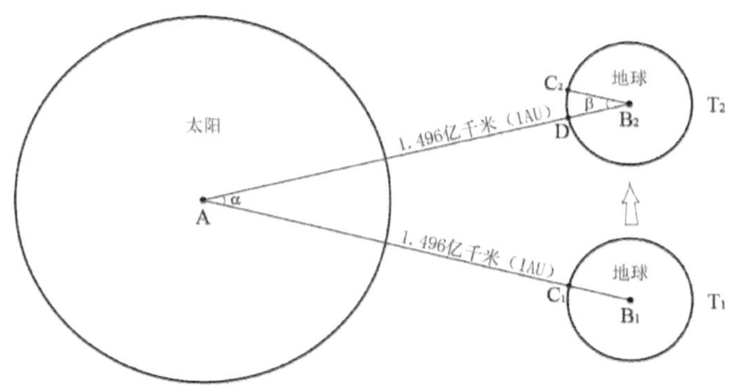

图 7

　　11-4-2 地球的自转是在太阳系内产生的现象，所以我们从太阳系内的角度讨论地球自转产生的原因，我们十分夸张的绘出图 7 来示意。地球绕太阳公转，大约 365 天绕太阳一圈，形成 360 度的圆周，地球公转的平均角速度是 2.464 角分 / 小时，就是说，当地球绕太阳公转 1 小时，从 T_1 的位置运行到 T_2 的位置，由太阳球体中心（质心）A 点，和地球球体中心（质心）T_1 时 B_1 点的连接直线 AB_1，和 T_2 时直线 AB_2 会形成一个约 2.464 角分的公转角度 α，当地球在 T_1 位置时，太阳与地球的连心线 AB_1 交地球表面于 C_1 点，C_1 点就是太阳对地球施加吸引力的中心线受力点，当地球运行到 T_2 位置时，若地球不自转，地球在 T_1 时的 C_1 点，就会变成 T_2 时的 C_2 点的位置，此时直线 AB_1 和直线 B_2C_2 可以近似看作是并行线，角 α 和角 β 可以认为构成了并行线的两个内错角，所以 α = β，就是说，地球表面在两个星球质心的两次连线交叉处（即中心线受力点）形成的角 β 也是 2.464 角分，与 β 对应的 C_2D 弧线就是 2.464 弧分。地球和太阳两个质心的连线与地球表面的交叉点（中心线受力点）在赤道附近，所以为了计算方便，我们近似地把交叉点视为在赤道上。在地球赤道上，β = 2.464 角分，对应约 4.63 千米，这是因为地球赤道周长是 40076 千米。地球圆周为 360° × 60′ = 21600′（弧分），地球的每一弧分对应赤道的长度是 40076（千米）÷ 21600（弧分）= 1.855（千米 / 弧分），也就是说太阳与地球之间，相互吸引和排斥的作用力，在地球表面的中心线受力点每小时移动：1.855（千米 / 弧分）× 2.464（弧分 / 小时）≈ 4.63（千米 / 小时），这里计算结果存在积累误差。地球与太阳两个质心连线交地球表面上的受力点，移动方向是逆时针方向，即与地球公转方向一致，在地球球体身上就产生了力矩，这个力矩就必然导致地球沿球体的中心轴线旋转，旋转的方向与力矩产生的方向一致，即与地球公转的方向一致，而且这个轴线一定是垂直于太阳与地球两个球体质心的连线。在太阳不停前行，和地球单极子与太阳单极子两者空间距离锁定法则的约束下，两个星球不停顿的产生相对运动，它们之间的吸引力和排斥力在地球表面的受力点，就随着这种相对的运动环境，也在不停的逆时针方向由西向东移动，也就是让地球旋转的力矩不断地产生，从而使地球随着绕太阳公转的同时，也附带着永不停止的被旋转了起来，这就是地球自转的原理。中国西藏寺庙中的转经轮，在人的拨动下会转起来，与地球在公转时被太阳拨动旋转是一个道理。只要太阳在运行，行星在空间距离锁定的法则约束下，就一定会绕太阳公转，只要行星绕太阳公转，行星就一定会被太阳拨动而绕中心轴旋转，所以所有行星的自转，都是被太阳拨动而"被自转"。如果宇宙中只有一个星球，那么这个星球一定不会自转。另外，如果太阳系内的一个星球不与太阳产生直接的相互吸引和排斥作用，或者这个星球受太阳拨动的作用力小于这个星球与另一个星球之间的某种作用力，那么这个星球就不会被太阳拨动而被自转，所以它也就可以没有自转现象，对这种没有自转的星球，我们后面的章节中会专门讨论。

11-5 地球自转速度时快时慢的原因

通过对图 7 地球产生自转的原因分析，我们可以了解到地球自转的速度，受地球绕太阳公转时，α 角度变化的快慢所决定，α 角度在单位时间内（如一天），变化较大，意味着太阳的质心和地球的质心连线，在地球表面的受力点（交叉点）移动速度较快，所以地球的自转速度会加快；若 α 角度单位时间内变化较小，则地球表面的受力点移动速度就会较慢，加上月球对地球潮汐锁定形成的阻力（后面双星系统章节中会详细讨论），所以地球的自转速度也就随之变慢。根据图 6 展示出的地球绕太阳的公转螺旋线形轨迹，我们就可以明白为什么地球在近日点自转速度快，远日点自转速度慢的自然现象了。因为地球在近日点（大约 1 月 6 日）前后相对于太阳是接近横向运动的，地球的质心与太阳的质心连线，扫过的 α 角度是整个公转周期中单位时间内最大的，所以地球被太阳拨动的旋转速度最快，我们在北半球的人们就会感受到一月初的白天时间最短。此时不仅是白天时间短，实际夜晚时间也短，因为地球的旋转速度最快。中国农历节气中，冬至最靠近近日点，所以我们就认为冬至是白天时间最短的一天，这就有了"吃了冬至面，一天长一线"的民间说法。在远日点前后，地球的运动方向与太阳的运动方向接近一致，也就是 α 角度在整个公转周期中，单位时间内变化量为最小的时段，在月球对地球潮汐锁定形成的阻力作用下，地球被太阳拨动而"自转"的速度就呈现是最慢的时段，这样人们就会感到在远日点的 7 月初前后，北半球的白天时间最长。与近日点相类似，地球在远日点不仅白天时间最长，夜晚时间也被延长，因为地球的旋转速度最慢。但人们的感受是远日点的夜晚时间很短，只有晚上九点到第二天凌晨五点的八个小时左右是黑夜，这与最长的黑夜说法相矛盾。这其中的原因是地球有一个 23.5° 的倾角，在七月北半球的北极地区更是半年的极昼期，但在南半球相同的纬度地区，就会明显感受到远日点是最长的黑夜。正是由于地球自转速度的不稳定，造成我们计时一天的长短出现差异，以至于每隔一段时期，人们就要修正一下时间，这样闰月、闰年就诞生了。

11-6 地球自转和公转的规律新解

11-6-1 地球自转的动力来自太阳的拨动，太阳之所以可以发力拨动地球（包括所有其他行星）旋转，一是因为太阳的吸引力远比地球大的多，即太阳作用在地球身上电子的力量比地球作用在太阳身上电子的力量大得多；二是因为太阳在银河系中不停地在高速运动，有能力带动所有行星，包括地球在内，可以随之运动；三是因为地球自身拥有的吸引力和太阳的吸引力，形成了一对吸引力与排斥力相互平衡的空间距离锁定，使地球除了随太阳共同运动外，还可以和太阳产生相对运动。造成地球自转速度时快时慢的因素，在 11-5 小节中我们已经讨论过，如果是别的行星，则还要再加上该星球的半径因素，因为半径不同，太阳拨动该星球时的着力点到转动轴的力臂长短不同。从图 6 中我们可以看出，地球在远日点尽管公转速度已经达到太阳运行的同等速度，但由于地球中心与太阳中心连线相对运动形成的夹角最小，近乎于零，太阳对地球拨动的力臂短到为 0，无法对地球施予拨动之力，所以地球的自转是在靠惯性维持，此时地月面对面潮汐锁定的力量相对加大，也就是地球旋转的阻力加大，这样地球的自转速度是一年中最慢的，这就有了在北半球的夏天，7 月初前后地球运动到太阳的正后方的位置，白天的时间是一年中最长的。地球在近日点尽管公转速度在沿太阳方向几乎是零，导致太阳前行冲击使地球出现进动现象，但由于地球的中心与太阳的中心连线相对运动形成的夹角在公转周期中，是单位时间内是最大的，所以太阳拨动地球旋转的速度，是地球公转周期中最快的时段，这也就出现了在北半球的冬天，1 月初的几天里，白天的时间是一年中最短的几天。在最长的白天和最短的白天之间，由于地球旋转惯性的存在，使得地球从低速旋转到高速旋转，再从高速旋转到低速旋转的转换都是渐进式变化，所以地球上的人们对白天时间长短的变化并不感到突然。

11-6-2 地球绕太阳公转与地球的自转相比，速度大起大落，变化程度剧烈了许多。当地球在远日点追赶上太阳的行进速度后，接着就快速超过太阳的速度向前飞奔，幸亏有空间距离锁定的制约，否则此时的地球就会成为被甩出的石子，脱离既有的圆形轨道飞离太阳系。在秋分时节，地球达到与太阳并肩同向运动的位置，这也是地球公转最快的时间点，过了这个重要节点，太阳对地球的吸引力就变成了阻止地球公转的刹车力，地球就会从正向加速度变成负向加速度，也就是进入减速周期。从远日点的 7 月初到 9 月底的秋分时节，地球上频繁出现台风，就是地球公转速度超过太阳系整体运行速度表现出的后果。滑过近日点后，地球公转的速度迅速被太阳反向的吸引力所降低，达到春分时节前后，反向运动的太阳，通过他的吸引力发挥阻力作用，很快就会把地球公转的速度降低到 0，这时太阳继续前行，地球与太阳之间的空间距离锁定发挥了拯救地球的作用，强制地球从静止的 0 速度，转头朝向太阳前进的方向运动，也就是跟随太阳一同行进，此 0 速度处是地球公转方向的拐点，使地球公转进入了新的加速运行周期。从图 6 中我们可以看到，在春分时节地球公转的轨迹在此做了一个小回旋转弯，掉头后再次跟随太阳运行方向而去。在春分时节前后的一段时间里，地球上的人们经常会感到气候是风和日丽，这就是因为地球的公转速度在这段时间，是相对于太阳的前行，以接近绝对静止的 0 速度附近度过。进入公转加速周期后，地球的加速度尽管很大，但由于初速度为 0，太阳保持不变的高速运行状态，所以地球进入加速周期的较早一段时间里，地球与太阳之间的距离依然在加大，直到远日点，地球才赶上太阳的运行速度，结束了地球与太阳之间的距离持续增加的现象，在远日点过后，地球又一次超越太阳的速度，不仅使地球与太阳之间的距离恢复到了空间距离锁定的稳定状态，同时附带地也造成了地球上台风季节的出现。

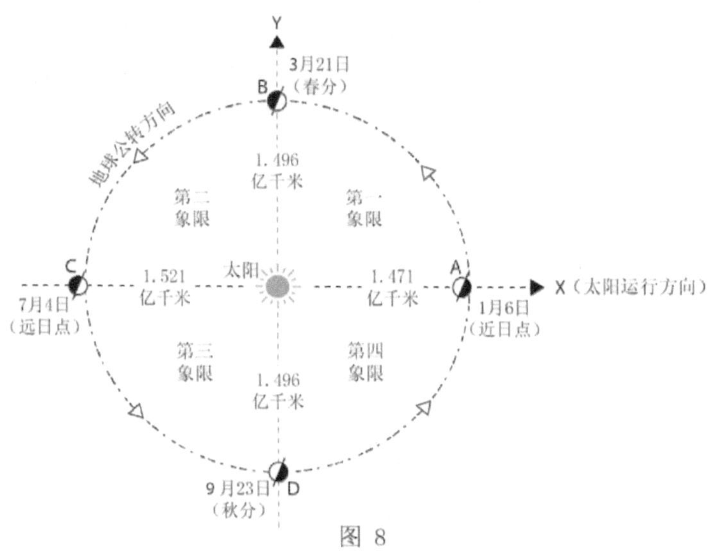

图 8

11-6-3 我们把图 6 的四个不同时段重要节点的瞬间照相图合成为一张图，就可以得到图 8 展示出的，以太阳为坐标原点，太阳运动方向为 X 轴方向，地球绕太阳公转的示意图。

结合图 6 和图 7，我们可以对图 8 所表示出的地球的自转和公转的动态规律给出总结。

A 点：地球公转交 X 轴于 A（近日点）时，自转速度最快。

B 点：地球公转交 Y 轴于 B 时，公转速度为 0。

C 点：在地球公转交 X 轴于 C（远日点）时，地球中心到太阳中心连线，随地球公转运动而形成的夹角变化为 0，自转速度最慢。

D 点：地球公转交 Y 轴于 D 时，公转速度最快。

这里清晰表明，地球自转速度最快时段与公转速度最快时段之间，或者地球自转速度最慢时段与公转速度最慢（为 0）时段之间，都有一个象限（90°）的相位差。

11-6-4 地球自转的规律：

在第一象限，起始于 A 点，自转速度最快，进入第一象限后，自转速度开始降低；在第二象限，自转速度持续降低，公转运行至 C（远日点）时，地球自转速度降至最低。跨越 C 点后，地球进入第三象限，自转开始加速，地球公转进入第四象限，自转持续加速，当地球再次运行到 A（近日点）时，自转速度达到最高值，同时太阳撞击地球产生进动，并且在进动的过程中开始进入下一个自转减速周期。由于在 A 处时地球自转最快，公转轨道又发生突变（进动），所以在近日点附近，也就是每年的一月初前后，地球上某些地质比较脆弱的地方变化可能会相对多一些、大一些，比如有些地区地震的机会增加。

11-6-5 地球公转的规律：

地球从第一象限公转进入第二象限时，交 Y 轴于 B 点，B 点是公转方向回旋掉头的拐点，所以此时地球的公转速度必然是 0，应该说太阳系所有的八大行星，在自己的调头拐点（B 点）处，公转速度都为 0。太阳持续前行把地球自动甩入第二象限，使地球被迫掉头转向进入公转加速阶段，地球在全部第二象限中，处在被前行的太阳吸引力吸引而使地球不停地以正向加速度加速运行，进入第三象限前，交 X 轴于 C（远日点），此时地球公转的速度已经加速到与太阳前进相同的速度，使地球与太阳之间的距离不再增加。所有的八大行星，在自己的远日点，都是与太阳的行进速度相等。超越 C 点后，地球继续在第三象限加速前进，第三象限也是公转速度超过太阳运行速度的地球超高速行进时期，这一时期也是由于地球本身的运动速度，超过了太阳系整体的运动速度，使得地球处于台风频发期，在地球进入第四象限前，交 Y 轴于 D 点，此时地球的公转速度达到最高值，过了 D 点进入第四象限，太阳的吸引力方向与超前运行的地球公转方向相反，所以太阳的吸引力对高速行进的地球起到了刹车阻力的作用，地球公转的速度从进入第四象限开始，就进入了减速阶段。从公转最高速突然刹车减速，九月中下旬秋分时节地球运动状态的剧变，也会较容易造成地球内部地质上发生变化，比如诱发地震和火山爆发，在另一本书中，我们还会单独讨论始于此时的厄尔尼诺现象，这是地球气候变化的关键环节。在地球接近 A 点前，尽管地球沿圆形轨道仍然有一定的速度，但沿太阳运行方向的速度就已经接近 0，在 A 点（近日点）处，地球公转沿太阳行进方向速度为 0，所以便被前行的太阳直接撞击形成地球的进动。所有行星在自己的近日点处，都会产生行星进动现象。然后地球在进动的过程中，也就是地球在反弹的过程中，直接把自己弹到了第一象限。地球在第一象限的公转方向与太阳前进的方向相反，所以太阳的持续前行产生的太阳引力场的移动方向，和太阳本身吸引力的方向两者均与地球运动方向相反，这对于反向运动着的地球，形成加倍阻力的作用，使地球更加快速地降低了公转速度，在 B 点处，也就是中国农历的春分前后，地球的公转被前行的太阳吸引力完全刹停车，然后地球在停止公转原地踏步的时刻，太阳继续前进，把地球甩入第二象限。这样地球就从 B 点的静止状态，在空间距离锁定法则的驱使下，追随太阳的运动，又开始了下一个与太阳同向运行的加速运动周期。所以从地球的公转周期来看，地球一年的开始，应该从地球公转速度为 0 的那一天算起，也就是中国农历的春分前后，才称得上地球公转自然属性的元旦。

11-6-6 从图 6 中我们看到，由 7 月 4 日左右的远日点，至 1 月 6 日左右的近日点，地球在这大约 6 个月的时间里，在太阳的运行方向上，地球走过了大约 4.5 个天文单位（AU），即从远日点到近日点的半年时间里，地球行走了大约 6.75 亿千米。地球上音速是 1224 千米 / 小时，半年时间里声音可传播 5375808 千米，也就是说地球从远日点到近日点的半年时间里，是以平均超过 125 倍音速这个不可思议的超级高速在飞行。但在接下来的半年里，从 1 月 6 日左右的近日点，到第二年的 7 月 4 日左右的远日点，地球在太阳运行的方向上，只行走了 0.5 个天文单位（AU），相当于这半年才走了前半年的十分之一多一点。这慢行的半年，就是地球被减速，静止，慢回身，而后再加速的打回旋的过程。

11-7 行星自转轴的方向为什么各自不同？

从上面"11-4 地球和所有星球为什么会自转"小节中，我们分析了行星为什么会自转，是因为行星被太阳拨动而旋转，所以行星的转动轴在初始必然垂直于两个单极子极点（太阳和地球各自的质心）的连线，也就是地球的自转轴和所有其他行星的自转轴，都应该垂直于太阳与该星球质心的连线。但现在我们看到的事实是，除了水星和木星外，其他行星的自转轴都不垂直于太阳质心与该行星质心的连线[26]，这又如何解释呢？这里我们讲一个寓言故事来类比一下。一只蝴蝶来到世上，看到许多小轿车，有的小轿车后背很圆滑，既优美又好看；有的小轿车后背，不仅不光滑优美，甚至扁凹进去，但仍然在路上自如的奔跑，小蝴蝶就认为，这些能在路上奔跑的小轿车原来就长得这个样子吧。但我们人类都知道，那些后背不正常凹进去的小轿车，原来并不是那样的，他们初始上路奔跑时，一定有一个整齐、圆滑、漂亮的尾部，这种小轿车一定是发生了事故才变成了这样。蝴蝶那样认为是因为他们的生命周期太短暂，无法看到小轿车的完整生命周期。人类看太阳系行星现在拥有各种姿态，就像蝴蝶看待撞扁了后尾的轿车一样，人类生命的出现相比行星的生命周期实在是太短太短了，无法知晓行星的各个生命阶段都发生了什么事情。但是人类是有知识、有智慧的，是能够进行逻辑推理和分析判断的，从行星能够"自转"的道理出发，所有太阳系行星开始自转时，一定是遵循规则，整齐划一的，即：1）都与太阳自转方向一致，而太阳的自转方向与太阳在银河系的公转方向一致；2）太阳系内所有行星的自转轴，一定是完全垂直于太阳与该行星两个极点的连线。但现在我们看到，只有水星和木星基本符合这两个条件，那么通过逻辑推理，我们可以判定在太阳系一定是发生了事故，才使原本应该整齐的太阳系行星队列，变的歪七八扭。实际上，每一个被自转的行星都是一个大陀螺仪，陀螺仪是有转动方向记忆（定位）特性的，这种记忆原来转动方向的特性就直接告诉今天所有的智慧生物，这些行星曾经被强行施加了外力，就变成了现在的姿态。那么太阳系究竟发生了什么事故，使得绝大多数行星改变了原来的姿态，我们将在后面的讨论中给出一个合理的推测。

11-8 太阳系八大行星为什么这样排序？

11-8-1 从单极子概念出发，每一个行星都是一个单极子，每个单极子根据他特有的质量和整体的热量，都拥有一个比较稳定的引力场和不同距离上与之匹配的吸引力，这个吸引力要足够大，能够清空它轨道附近的太空漂浮物，这也是科学家定义行星的重要根据。一个行星的这种指向自己球心（极点）的吸引力，对太阳这个单极子而言，就变成了行星对太阳的排斥力。一个行星对太阳的排斥力越弱，那么它被太阳吸引力拉的就会越近，也就是它与太阳之间的空间距离锁定的数值越小；一个行星对太阳的排斥力越强，那么它离太阳的距离就会相对越远，它与太阳之间的空间距离锁定的数值会越大。依此规则判断，四个类地行星，水星、金星、地球、火星，由于水星最接近太阳，表示水星的总体引力场能量最小，对太阳的排斥力最弱，所以最靠近太阳；金星离太阳第二近，所以金星的引力场能量比水星要高，但比地球低；地球排在类地行星的第三位，说明地球与太阳的相互吸引和排斥的合力平衡距离，即空间距离锁定的数值，是 1.496 亿千米处，小于 1.496 亿千米时，地球的排斥力就会大于太阳的吸引力，使地球反弹回到距太阳 1.496 亿千米的距离上，当地球与太阳的距离大于 1.496 亿千米时，太阳的吸引力就会大于地球的排斥力，从而拉着地球回到 1.496 亿千米的锁定距离上；火星用自身的吸引力，与太阳的吸引力相抗衡，使火星可以与太阳相持在 2.28 亿千米的距离上[27]，达到空间距离锁定的稳态水平，说明火星是四个类地行星中总的引力场能量或者对其他物体的吸引力最大，即对太阳排斥力最大的行星，（此处我们替大家保留一个 "？" 问号）。在火星之外是小行星带，而非一个比火星更具吸引力的，或叫做对太阳更具排斥力的行星，这似乎难以理解。关于小行星带这里暂时作为一个悬念保留，我们会在后面另外讨论。在小行星带外，是木星，木星显然比前面的类地行星具有更高的吸引力。

11-8-2 木星不仅是太阳系内最大的行星，拥有行星中最强的引力场能量，最大的吸引力，最多的卫星，而且木星还是太阳吸引力强弱的分界线，在木星以内，太阳的吸引力超强，所以这些内行星是按自身的总体吸引力的大小，也就是按行星单极子对太阳单极子的排斥力的大小，依升序席次排列，排到木星时，木星对太阳的排斥力最大。在太阳系内，太阳单极子与其他行星单极子产生吸引与排斥作用时，木星是主要环境（第三方单极子）作用力的来源，木星这个单极子，对太阳过了木星以后行星的吸引力，有明显的抑制作用，或者说，木星的引力场起到了一堵降温墙的作用，使太阳的吸引力在通过木星的引力场后呈明显下降趋势，这样从木星以后的行星是按单极子引力场能量递减的方式排序。也就是木星的引力场能量最大排在首位；土星的引力场能量次之排在第二位；天王星的引力场能量比土星为小，就排在第三位；海王星的引力场能量最弱，排在离太阳 45.04 亿千米的最外层，在此处，海王星的吸引力就可以达到与太阳吸引力在此距离衰减后相平衡的水平。对于冥王星和更外的柯伊伯带小行星，会在后面一章中，连同前面提到的小行星带悬念一起讨论。这样太阳系中八大行星依单极子引力场能量大小，也可以说按吸引力大小排序，就可得出：水星 < 金星 < 地球 < 火星 < 木星 > 土星 > 天王星 > 海王星。从现在科学探测得知，火星上的重力加速度（3.71 米 / 秒 ^{2}）要比地球上的重力加速度（9.81 米 / 秒 ^{2}）小得多[28]，也就是说火星对其他物体的吸引力要比地球小，为何火星是排在地球的外侧，而不是内侧？海王星的吸引力（重力加速度为 11.15 米 / 秒 ^{2}）要比天王星的吸引力（重力加速度为 8.87 米 / 秒 ^{2}）大，为什么没有按照降序规则排列呢？这两个疑问我们也会在后面的讨论中，连同前面几个悬念一同给予分析解释。

11-9 行星为什么都在黄道平面内运行？

11-9-1 从前面的讨论中得知，行星是因何围绕太阳公转，并且是以太阳前进方向作为行星自己螺旋前进的方向，也就是说，太阳自身运动和行星公转运动之间的关系，就是一个运动着的同心圆轮子，太阳是轮子的中心轴，行星是中心轴外不同半径圆环上的点，这个太阳系轮子与我们平常看到的自行车轮子不同之处，就是太阳系轮子看不到车条（辐条）和轮圈，太阳系轮子的车条，就是太阳与各行星之间的吸引力和排斥力，太阳系轮子的车圈就是一层又一层行星与太阳之间空间距离锁定的距离。由于没有刚性可看得见的物质性质车条，所以就无法保证车条上每一点的角速度相等，这也是有可见车条和无可见车条的最根本区别。有可见车条的自行车车轮是靠近车轴的点线速度慢，远离车轴的点线速度快，但无论车条上的哪一点，他们的角速度一定相等。无可见车条的太阳系轮子，虽然所有行星在被太阳排挤到与太阳平齐反向的最边缘处后，也就是相当于地球的中国农历春分时与太阳对应的角度，即公转轨道交 Y 轴于 B 点时（参考图 8），行星相对于太阳的绝对速度为零，以及随后发生的转向，开始被太阳吸引力牵引进入加速追赶太阳的进程，直到每个行星各自的远日点，都达到了 8.37 万千米 / 小时的太阳运行速度，但远日点过后，各个行星都从太阳的行进速度 8.37 万千米 / 小时为基准，开始进行各个行星在太阳系内最快的公转运行时段，空间距离锁定的数值越大，该行星的轨道半径越大，公转周期就越长，因此所有行星的运行速度，除了在两个特殊点，B 点转向处绝对速度都为零，和远日点（C）都等同于太阳的行进速度外，其他时间它们的线速度、角速度都不同。

11-9-2 这些围绕太阳公转的行星，初始可能并不在一个平面内，但由于行星每一个都是单极子，他们不仅与太阳这个具有最大吸引力的单极子发生吸引与排斥作用，而且众行星之间也发生吸引与排斥作用，即天文学中称之为的摄动，尤其是与行星中的老大——木星之间也发生吸引和排斥作用，最终就会逐渐对齐在一个平面之内。以火星为例，如果火星的轨道平面初始与木星的公转轨道平面并不在一个平面上，那么当火星行驶进入太阳与木星之间时，也就是火星靠近木星时，木星对火星的吸引力（摄动）和太阳对火星的吸引力，会形成一个以火星为一个顶点的折线，这个折线在太阳和木星两个方向吸引力的同时作用下，会在火星每次靠近木星时都被拉直一点，经过若干次，以火星为顶点的这个折线，最终会被木星和太阳的合力所拉直，使火星、木星绕太阳的公转轨道合并在同一平面内，相同的道理对其他行星也一样，只是各行星并入以木星轨道平面为主导的过程快慢不一罢了，结果就是最终以木星的公转轨道为主要因素，决定了所有其它行星都归入同一轨道平面中，也就是今天我们看到的盘子状，或叫轮子状的黄道平面。由此我们也可以推理得出，一个呈现盘子状的星系，应该是一个比较成熟、稳定的星系。

11-10 万有引力常数的不确定性

谈一点儿不属于本章的题外话。跨国界的科学技术资料委员会（CODATA），在 2014 年推荐的万有引力常数值为：$G = (6.67408 \pm 0.00031) \times 10^{-11} \mathrm{m^3 kg^{-1} s^{-2}}$。就是这个 G，经过 200 多年的不计其数、不计其人的测试，结果都无法给出确定值，现在我们换个角度审视一下，就可以给出简单合理的结论，不是万有引力常数 G 太难测量，而是万有引力常数 G 根本不是固定值！理由就是：所有万有引力常数的确定，都需要通过牛顿万有引力公式来计算，而牛顿万有引力公式本身是有缺陷的。牛顿万有引力数学公式不考虑两物体的物理性质和中间介质的影响，所以：1）选用不同物质材料作为测试对象，2）测试材料本身当时所具有的温度，3）测试材料所处的何种空间介质种类和密度，4）不同环境温度等等，在这些众多变化因素排列组合条件下，所测出的 G 值必然不同。所以想利用目前的理论思路，在不同的时间、不同的地点、不同的环境下选用不同材料，进行臆想不变量的测定，必将是徒劳的，只有在两次测试中所有条件都完全相同，才会得到相同的 G 值。若用某个 G 的测试结果，去预测或验证并符合了现实中的某个事实，这应该是一种巧合，不应视为必然结果。

11-11 牛顿描述的吸引力与实际吸引力的不同

11-11-1 从现有事实判断，尽管牛顿首先发现了所有物体都拥有万有引力这个客观事实，但他也只看到了物体吸引力整体面貌的一部分，也就是牛顿万有引力理论只考虑可见的实体物质，即物体的质量，对于不可见但又实际存在的吸引力的母体，因为触摸不到而忽视了她们的存在和作用，这个不可见但确实存在的吸引力母体，就是物体吸引力存在的基础——引力场。这个犹如精灵般、看不见、摸不着的引力场，才是物体的吸引力得以实现其功能的后盾和靠山。为什么会有水星近日点的进动？正是牛顿没有看到的引力场在发挥作用。当两个星球（单极子）实际运行靠得太近，引发的是两个引力场的碰撞，会使具有弱引力场星球的运动形态比另一个强引力场星球发生更大的改变，弹离碰撞现场，从而形成弱引力场星球的明显进动现象。如果没有看不见的引力场发挥排斥作用，行星与太阳之间的距离，就会在行星每一个公转周期在近日点缩小一些，不用多少个周期行星就会撞到太阳上，也就不会有地球上生命的出现。如果没有引力场对外的排斥作用来行使对各自星球本身的保护功能，整个宇宙就不会是像现在这样有规律的运行，或许早就相互粘结成一团了。

11-11-2 引力场是一个物体的整体特性，包含了它的全部质量和整体的平均绝对温度两方面因素，引力场的强弱与外界无关；吸引力是一个物体的部分质量和这部分质量所具有的平均绝对温度，对另外一个特定物体改变其形状或运动状态的能力；吸引力是一个与外界其他物体发生关系的量，吸引力的大小除了自身的因素外，还受多种外部条件制约，包括另一物体的质量、温度、距离、环境温度、中间介质等因素。通俗的讲，引力场是自己单方面的事情，与外界因素无关；吸引力是自己的一部分，与另一方的全部两者之间的事情，外加几个制约条件，这方面牛顿的万有引力定律体现的很不到位。

11-11-3 牛顿发现了物体之间存在着彼此相互吸引的万有引力，但是对于吸引力这种非接触型力的作用点施加在哪里却是茫然不知，以致于牛顿不得不完全回避吸引力的作用点这个至关重要的问题。现实中的吸引力、磁力这类非接触型的力的作用点都是在受力方肌体中的电子身上。

11-11-4 牛顿描述的万有引力只存在于两个物体之间，对于单独一个物体是否具有吸引力缺少注意，没有遵循由浅入深的研究规则，所以牛顿不能理解两个物体之间首先存在着吸引力方向相反的排斥力，然后才是表现出彼此之间的吸引力，这种既排斥又吸引的物体吸引力二重性，正是宇宙星球之间和谐有序的根本保证。

11-11-5 同样是没有遵循由浅入深的研究规则，牛顿不明白，当有第三方物体出现在相互吸引的两个物体的环境中时，现有两个物体之间的吸引力会发生什么变化。这种超出二元（体）吸引力的问题，牛顿万有引力定律完全没有涉及，事实上，三元或以上的物体之间的吸引力才是现实中大量出现的情况。

11-11-6 两个物体之间的吸引力，不仅存在于两个物体质心的连心线上，也同时存在于连心线之外。仅仅计算连心线上的吸引力只能作为数字游戏玩耍，会失去很多实际意义，或者说计算出的结果与实际情况相差较大。只有把所有的吸引力作用点考虑在内，才能得到准确结果，发挥理论来自于实践，同时又指导和应用于实践的目的。

第十二章 双星系统

12-1 产生双星系统的原理

从一个物体（星球）也存在吸引力的事实出发，我们得出：一个物体具有吸引力和排斥力并存的二重性。一个物体的吸引力是由物体固有的引力场来提供的，两个星球之间的关系，首先是各自的引力场方向相反，使两者之间呈现彼此相互排斥的关系，然后是各自对外界的吸引力吸引对方向自己靠拢的吸引关系。在星球 A 的吸引力大于星球 B 的吸引力条件下，星球 A 在克服了星球 B 发出对星球 A 的排斥力后，星球 A 就会用多余出的吸引力来吸引星球 B 向星球 A 靠近，但是随着星球 B 向 A 的靠近，星球 B 对星球 A 的排斥力会随着距离的靠近而迅速增加（原理参见 11-1-5 小节），当 B 的排斥力增加到与星球 A 的吸引力相当时，星球 A 再也没有多余的吸引力来吸引 B 进一步靠近自己，星球 B 也没有机会再增加排斥力，与此同时星球 B 也没有能力远离星球 A，这样星球 A 和星球 B 之间的距离就被双方各自的吸引力平衡点固定了下来，这个被固定下来的距离就是空间锁定的距离，只要星球 A 和星球 B 两者各自的吸引力不发生变化，两者的空间距离锁定就不会发生变化，这时的星球 A 和星球 B 也就组成了双星系统。

12-2 双星连心线上的电子流

　　双星系统中两个星球的吸引力是一种什么状况？在 11-1-5 小节中，我们已经讨论过两个星球之间，星球 A（太阳）对星球 B（地球）是中心投影状的行使吸引力，星球 B（地球）对星球 A（太阳）也是中心投影状的行使吸引力，我们就可给出图 9 这个双星互相吸引的示意图。

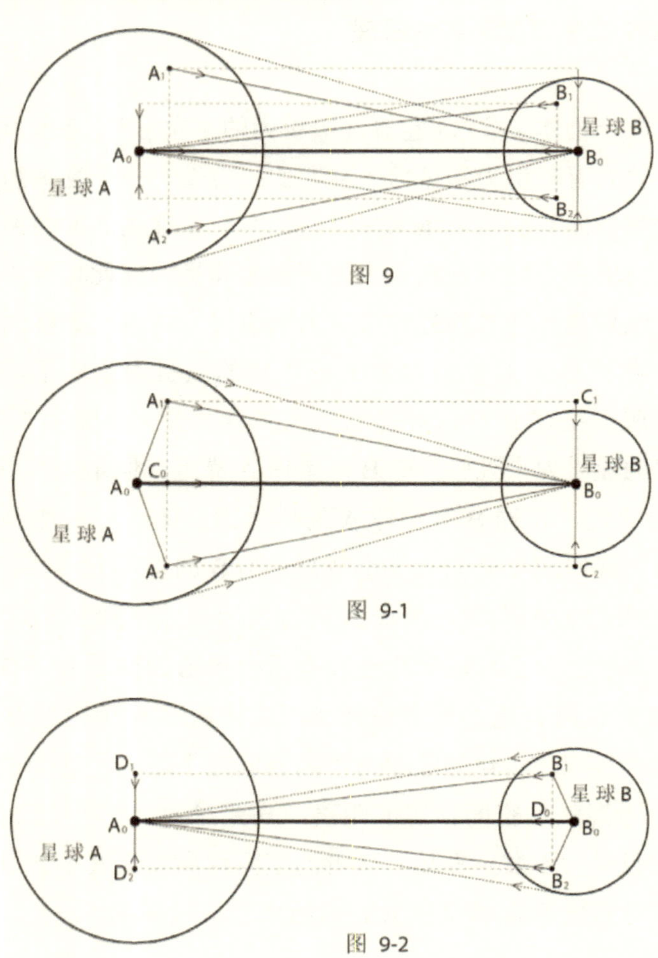

为了使图 9 看起来比较清晰简单，我们可以把图 9 分解成图 9-1 和图 9-2，在图 9-1 中，星球 B 对星球 A 的吸引力作用点，会出现在星球 A 整个半球面上，尤其在星球 A 被 B 中心投影的每一个点上。在星球 A 上的任何一个受力点 A_1，星球 A 的质心 A_0 和星球 B 的质心 B_0，以及 A_1 点，由这三个点构成的一个平面上，都可以分解成一个由星球 A 的质心 A_0 和星球 B 的质心 B_0 连心线上的 C_0 点，指向 B 星球质心 B_0 的平行方向的吸引力，和从 C_1 点指向星球 B 的质心 B_0 的垂直方向的吸引力。在圆球状的星球 A 上，总可以找到一个而且是唯一的一个 A_2 点，与 A_1 点的受星球 B 吸引力作用大小相等，并且垂直方向的分力与 A_1 正好相反的吸引力。由于 A_1、A_2 同时存在，垂直指向 B_0 的吸引力 C_2B_0 大小与 C_1B_0 大小相等、方向相反，相互抵消，只剩下平行方向、由星球 A 上的 C_0 点指向星球 B 的质心 B_0 的吸引力显示出来，这就是一对双星系统中，两个星球 A 和 B 之间，星球 B 对星球 A 的吸引力只表现在连心线上的原因。对于图 9-2 中，关于星球 A 对星球 B 的吸引力作用点，有类似图 9-1 的解释，结论就是星球 A 对星球 B 的吸引力也只表现在连心线上。当把图 9-1 和 9-2 合并起来时，我们就可以得出两个星球相互吸引时，连心线上是两个星球角力的真正擂台。

12-3 直线运动的电子决定三个质心必须在一条直线上

两个星球一旦发生了空间距离锁定，它们就成为一个联动的刚性统一体，能够将它们合二为一的连接器，就是连心线上相互的吸引力。这个相互吸引力的直接通道，就生成了一个由看不见实体的、纯粹是自由电子直线流动形成的秤杆。这个秤杆就是只走两个星球质心连线的电子直线通道，两端的星球会凭借各自引力场强度大小，在这个通道上自动寻找一个点，使两端星球的吸引力在此点达到相互平衡。在这个点上，两个星球从对方吸引出的电子都汇集于此，这些电子被外界双方僵持在此处的吸引力所困惑，既不再前行，也不再后退，这个能使两个星球的吸引力在此达到平衡的电子流秤杆的支点，就是我们称之为的双星系统的共同质心。在这个共同质心处，汇集的电子越来越多，这个质心就形成了一个纯粹的由电子聚积形成的负电场。共同质心负电场边缘那些靠近星球 A 端的电子就有机会飞向星球 A，靠近星球 B 端的电子就有机会飞向星球 B，也不排除有的电子在负电荷之间的相互排斥下，会在共同质心处仅仅是减低了速度，然后又继续前行，飞向吸引它的星球，这样从共同质心的起源上，由这些来自双星质心连线上的双向电子流，只走直线的特点就决定了，两个星球各自的质心和他们共同的质心，这三个质心必须成为一条直线。

12-4 第三方星球为什么要和双星系统的质心发生作用？

12-4-1 两个星球在彼此空间距离锁定法则规范下组成双星系统后，双星系统的共同质心就成了该双星系统对外显示负电场的质心，或者说双星系统拥有了双极性，他的正极有两个，就是两个子质心，他的负极就是共同质心。如有第三个具有一定引力场强度的星球出现在一个双星系统拥有的引力场中，或者说这个双星系统出现在第三个星球的引力场中，这个第三方星球会直接吸引该双星系统的负极，即吸引负电场这个质心向自己靠拢，因为这个负电场质心纯粹由电子组成，完全是第三方星球吸引力的作用点，不像双星系统中的两个子星对外还有排斥力，保护着各自的子质心。所以这个第三颗星球对这两个子星和它们的共同质心所发挥出的吸引力作用明显不同，或者说第三颗星球对着一个双星系统会出现一口咬住共同质心这个负电场不放的局面。这就是因为两个子星本身具有排斥力，抵消了部分第三颗星对两个子质心的吸引力，第三方星球与双星系统的共同质心发生直接吸引作用的力度，要大于与两个子星发生直接吸引作用的力度。当第三颗星球接近负电场质心到一定的距离，两个子星球就会依靠各自的排斥力共同将第三方星球阻挡在某一距离上。

12-4-2 双星系统面对面锁定的潮汐作用力可能会大于第三方星球拨动子星球旋转的拨动力量，这样我们就可能得出第三方星球只对双星系统的共同质心产生吸引力和排斥力，这种有失完整性的判断。因为第三方星球对负电场质心的吸引力明显比对两个子星的吸引力更大，所以我们将会发现，一个双星系统出现在一个更加强大的引力场中时，两个子星的运动是随着共同质心的运动而运动的。就像太阳吸引地月双星系统一样，太阳吸引的关键点是地月系统的共同质心，谁遮挡了共同质心，太阳才会对他施加更大的作用力，因为当下共同质心在地球体内，也就是地球一直在遮挡这个共同质心，所以太阳就一直对地球施加更大的作用力，地球才会被太阳持续拨动而旋转起来；月球一个月才遮挡一次共同质心，太阳一个月才有一次机会对月球全力施加短暂的作用力，这就出现了月球天秤动现象。

12-5 双星相同角速度互绕的原理

两个星球组成双星系统后就变成了一个类刚性整体，如果没有外力的作用，这个双星系统是不会有任何运动的，也就是既没有双星系统的整体运动，也不会有两个子星的相互绕动。当该双星系统的引力场中出现了第三方星球，第三方星球就会对双星系统的共同质心产生吸引作用，这时双星系统的质心在第三方星球的吸引力作用下，就会产生相应的运动，当双星系统的共同质心发生移动，势必引起两个子星随之移动。如果双星系统是在双星系统的直线电子流通道方向上移动，即顺着电子秤杆的方向运动，那么双星系统内的三个质心仍然保持在一条直线上，两个子质心与共同质心之间不会发生转动变化，双星系统内部只会产生共同质心在电子秤杆上的滑动变化。如果在第三方星球的吸引力作用下，使双星系统的共同质心在非双星系统电子通道方向移动，此时就会出现双星系统的共同质心首先发生移动，使共同质心有脱离直线电子流通道的倾向，将会出现共同质心与两个子质心产生折弯的情形，这就违反了受吸引力作用的电子流只走直线的固有特性，或者说违反了两个子质心和共同质心必须在一条直线上的基本原则，那么两个子星就会联动自行调整彼此的相对位置，来保持由吸引力产生的电子流直线行走的特性，此时两个子质心联动恢复到三个质心保持一条直线的过程，就会出现两个子质心中的一个向共同质心的前方移动，另一个向共同质心的后方移动，而且移动时保持相同的角速度，才能确保在任何极短的时间段内电子通道内电子流都只走直线的特性，从双星系统外围观测这个双星系统，就是两个子星在做同心圆、相同角速度的互绕圆周运动。如果共同质心移动的速度快，那么两边的子质心也必须快速调整自己的角速度，才能确保三个质心在一条直线上；共同质心移动速度慢，两个子质心角速度也会相应慢一些，总之只要保证三个质心时刻在一条直线上即可。

12-6 双星互绕速度的单向攀升特性

双星系统中两个子星互绕，即围绕共同质心旋转的角速度，在没有其他外力的干扰下，理论上应该是只会提升不会降低。当双星系统形成之初，应该是两个星球以较低的相对速度相遇在一起，这样才能彼此相互吸引、排斥，经过若干次震荡才能结合在一起，最终形成稳定的双星系统。如果两个星球之间位移速度相差很大，彼此没有能力相互捕获对方，则根本无法形成双星系统。所以双星系统组成之初，两个星球之间的距离应该比较稳定，而且都在对方较强的引力场作用范围内，这才能为生成双星系统创造出条件。生成双星系统后，共同质心与两个子质心的运动状态保持一致，则两个子星没有很强的调整自己与共同质心之间相对位置的需求，所以不会产生快速的以共同质心为圆心、做相同角速度的圆周运动。但是如果一旦出现共同质心要移出两个子质心连线的情况，两个子质心，或者说两个星球就会迅速调整彼此的位置，确保三个质心始终在一条直线上。一旦三个质心恢复到一条直线上了，两个星球就会在惯性力的作用下，保持刚才的角速度不停的运动下去，因为在这个环绕共同质心的角速度下，仍然会保持三个质心在一条直线的状态不变，即使双星系统共同质心停止了运动，两个星球环绕共同质心做的相同角速度同心圆的运动也不会减慢，因为没有一个外力来阻止他们互绕停止下来，也就是双星的互绕圆周运动速度具有单向攀高的特性，或者说双星系统的互绕角速度总是保持在最高的速度，与当前双星系统整体运动状态无关。这就可以解释月球和地球这个双星系统，无论是在公转的高速运动时期：七、八、九三个月，还是低速运动时期：二、三、四月，甚至是春分前后的停止公转的零速度时刻，月球和地球

绕共同质心的角速度都是 27.32（地球）天一个周期（即一个月），
这个 27.32（地球）日的角速度 / 周期，是由每年九月农历的秋
分前后地球公转最快时的速度所决定的。

冥王星和冥卫一（卡戎星）组成的双星系统，其互绕的角
速度是 6.387（地球）天一周，说明冥王星和卡戎星这一对双
星系统的最高公转速度比地月双星系统快。双星系统互绕运转
的速度也可以作为估算该双星系统历史长短的一个参考依据，
双星在结成对子之初应该是互绕速度最低的，如果两个星球相
互速度差异较大，就意味着双方动能差异较大，使得这两个星
球不具备互相锁定的前提条件。双星互绕的速度越高，说明该
双星系统经过了一个比较长的加速时间，才能达到最高的速度，
就像人爬高楼一样，人爬的楼层越高，一般表明他所花费的时
间越多。当然不排除个别在组成双星后，遇到了特殊情况，使
它们刚组成双星不久，突然遭遇某一突发状况，迫使双星系统
以极大的加速度改变运动状态，使双星系统快速运动，就像有
人坐上高速电梯很快就可以到达很高的高度一样，这也会使双
星系统产生高速互绕现象。

12-7 没有自转的星球

在前面我们已经讨论过行星自转的原理，也就是行星在公
转的同时，太阳对行星产生的拨动作用。太阳对行星的吸引力
主要体现在行星的质心上，现在当两个行星组成了双星系统后，
双星的共同质心可能落在两个星球之间的空中某一点，那么此
时太阳对行星的拨动作用点，就是太阳对双星系统的吸引力作
用点落在了这个空中看不见实物的负电场公共质心上，这时可
能就会出现两个行星面对面潮汐锁定的力量大于等于受到太阳

的拨动的力量，这样两个子星球就不会被太阳吸引力所拨动，因此两个子星球之间就会在彼此潮汐锁定的作用下慢慢停止自转，这时我们就可以看到没有自转的行星。如果两个星球面对面潮汐锁定的力量小于受到太阳的拨动的力量，这时我们就可以看到低于单独一个星球时应该具有的自转速度的星球，冥王星和卡戎星（冥卫一）组成的双矮行星系统，应该就属于这类情况。依照我们在 11-4 小节提出的星球自转原理，和 11-6-6 分小节星球公转的速度变化规律，冥王星在近日点时绕太阳公转的速度要远大于地球公转的速度，所以它单位时间内受太阳中心吸引力作用点的移动速度要比地球的快，也就是自转速度受太阳拨动的要比地球快，但是由于冥王星与冥卫一（卡戎星）组成了双星系统，两星之间存在潮汐锁定，这个双星潮汐锁定的力，起到了减缓冥王星自转的阻力作用，所以冥王星的自转速度，从原本单独一个星球应该具有的远比地球自转速度为高的高速自转状态，变成需 6.39 个地球日，才自转一圈的慢速自转周期。如果一对双星系统的公共质心落在了一个星球体内，就会出现公共质心所在的星球被太阳拨动而自转，另一个子星球在潮汐锁定的阻力大于太阳拨动的吸引力前提下，会仍然处在没有自转的状态，地球和月球组成的双星系统就是这样的情况。地球有自转是因为地月双星系统的共同质心落在了地球内部，太阳的吸引力作用在地月双星的共同质心上，顺便就作用在了地球上，这样地球被太阳强制拨动而旋转了起来。月球受太阳吸引力直接拨动的力量小于地月双星之间相互面对面潮汐锁定的力量，所以月球没有自转。但是由于月球与地球面对面潮汐锁定后变成了重心偏移的空中不倒翁，当每月一次月球绕地月双星的共同质心运转，穿过太阳的质心与地月共同质心的连线时，太阳会对月球产生短时间的强力拨动作用，所以就产生了月球的天秤动，详细的解释后面给出。

12-8 双星系统不是恒星们的专利

12-8-1 在银河系内外，科学家们发现了很多双恒星系统，而且双恒星系统的数量不会少于单恒星的数量，这表明双星系统是恒星们的专利吗？我们的回答：不是！原因是，超出太阳系的范围后，地球人观察能力有限，无法看清不发光的行星们的踪迹，只能借助发光的恒星来观察他们的行为，而且必须是大尺度的距离，才能辨别出运动状态，所以让人们以为只有恒星才有能力形成双星系统。两个不发光的行星也可以组成双星系统，就像冥王星和卡戎星（冥卫一）组成双矮行星系统一样，地球和月球也组成了双行星系统。行星不会发光，因为外表温度较低，所以行星的引力场强度较恒星小很多，行星若想组成双星，彼此的距离锁定就应该远比双恒星为近，这就出现了冥王星和卡戎星、地球和月球分别组成较弱吸引力、近距离的双非恒星系统。冥王星与卡戎星（冥卫一）的引力场强度较小，都无力清除它们轨道附近的小行星，所以定义为矮行星，它们两个组成的双矮行星系统之间的距离，也就是它们两个空间距离锁定的距离是 19570 千米 [31]。地球和月球拥有的引力场强度，比冥王星和卡戎星的引力场强度大得多，所以地月双星系统之间的距离，也就是地球和月球空间距离锁定的距离，大约是冥王星和卡戎星之间距离的 20 倍，达到 384000 千米 [32]。

12-8-2 双星现象是否是只有大的天体之间才会出现呢？不尽然！有航天员在太空站中曾做过一个实验，在一个不大的密闭容器内，点燃了一些小火球，其中有两个小火球彼此自动保持一个相对固定的距离，相互绕动起来，就如同双星相互围绕着一个共同的中心在运动一样 [33]，这两个彼此互绕的小火球，就是形成了两个肉眼可以看见的最小双星系统。这个小实验至少表明两点：1）一个物体自身高温产生的吸引力，要远大于这个物体自身质量产生的吸引力，也就是说，物体的热量是构成该物体吸引力的主要组成部分。因为两个和火球同样尺寸大小的水球，远比同样大小的火球的质量大的多，但这两个水球在太空中，彼此在这么远的距离上是完全看不出彼此之间的吸引力反应和互动的。2）双星系统形成的原理不在于物体质量的大小，而在于双星各自吸引力的大小。当两个物体在适当的距离上保持必要的互动时间长度，只要各自同时达到一定的吸引力，彼此就可以形成双星系统。在牛顿万有引力定律制定的规则下，上面提到的这两个太空实验中的小火球，应该彼此吸引，距离会越来越近，最后合并成为一个较大一点的火球，而这个实验中的所有小火球，都不会碰撞在一起，当彼此充分接近到一个距离，较小的火球就会逃避碰撞而跳开，远离接近的另一个火球，这说明两个小火球之间除了存在吸引力，另外还存在着排斥力。这个太空小火球实验里，对犹抱琵琶半遮面的吸引力不为人知的那部分，又揭开了一处神秘点，这就是物体之间的排斥力确实存在。

12-9 双恒星的数量优势

两个相距遥远的恒星为什么可以组成双星系统，这是因为他们可以发光、发热，他们各自都拥有巨大的吸引力和排斥力，他们的引力场有效作用范围广阔，当他们双方在某一个遥远的距离上达成吸引力和排斥力相平衡，他们就可以在相当远的距离上彼此锁定，一旦相互之间锁定了，就是一个双星系统诞生了。双星系统一旦生成，只要没有外部足够强大的外力强行介入，那么双星系统就会保持下去，这就是说单星系统在遇到另一个单星系统时，就有机会升格为双星系统，但双星系统不易被拆散变回单星系统，这就会形成双恒星系统随着时间的增加数量也会增加，最后出现双恒星系统多于单恒星系统的现象。

12-10 月球不可能是地球的卫星

12-10-1 当双星系统中一个星球的吸引力变大或变小，双星系统的共同质心，就会在两个子质心的连线上向相对吸引力增大的一方滑动。当两个星球的吸引力差别充分大时，共同质心就会滑进较大吸引力一方星球的体内，此时由于两个星球围绕共同质心旋转的线速度不同，仿佛是小吸引力的星球，围绕着大吸引力的星球在做环绕运动，因此人们很容易被表面现象所迷惑，而被误认为是卫星，地球和月球两者就属于这种情况。当人们把月球看作是地球的天然卫星时，人们就会以地球为中心，绘出月球绕地球运行的想象图形，见图10。在这个图中，人们分析不出月球为什么会绕地球运行，月球为什么会有近地点，为什么会出现远地点，为什么中国农历八月十五的月亮会是一年中最大、最亮的。这就完全类似于开普勒行星运动定律描述太阳系行星运动的情况一样，看不出地球和其他行星在什么力量作用下进行周而复始的公转，行星为什么会有近日点、远日点，为什么行星在近日点出现进动，开普勒行星运动定律诱使人们走入了一个小区域的科学雾霾之中。

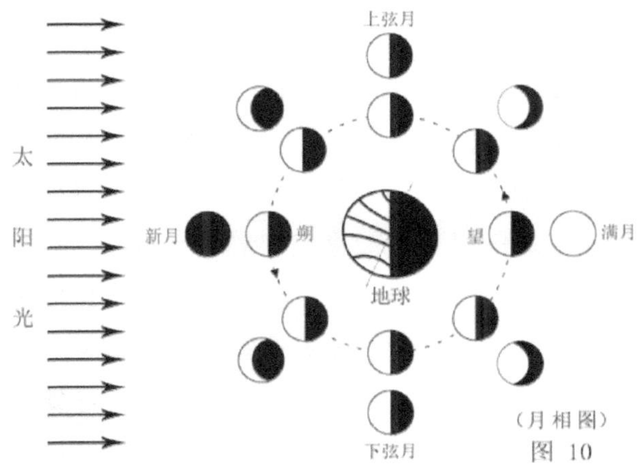

　　12-10-2 两个关系密切的自然星球，如果说一个星球是另一个行星的卫星，或者说一个星球是另一个恒星的行星，那么这个被称之为卫星（或者行星）的星球，一定存在这样一个运行的瞬间，此时这个星球的运动方向与另一个星球的运动方向是 180° 的反方向，然后再转向到与另一星球逐渐一致的运行方向，只有存在这样完全相反运动的状况，才能称这个星球是围绕着另一个星球运行的卫星（或者行星）。例如所有行星在图 6 中所示出的，在春分那个特殊日子的前后，就存在这个 180° 反方向的运行时段，这样我们才能说所有的行星都在围绕太阳运转。如果不存在这样一个 180° 的反方向运行瞬间，就不存在一个星球在围着另一个星球做环绕运动，也就没有理由把一个正常的行星定义成卫星。当我们把地球和月球放在以太阳为坐标原点，这个更大一些的时空坐标系中，人们就可以得到图 11 标示出的，地球和月球是如何相互运动的轨迹图，这个也是根据每个月的月亮形状，所画出的一年中几个月的地球和月亮之间相对位置的月相图（图 11），通过这个图，我们可以看到，地球和月球实际上是在围绕着他们两个组成的双星系统的共同质心在做同心圆的互绕圆周运动，而在地球和月球之间并不存在月球绕地球做环绕运动，因为我们中的任何人都不可能在一年 365 天中的任何一分钟，找到月球和地球的运转方向是呈现 180° 的反方向运动，所以月球也就不可能是地球的卫星。我们在地球上看到的月球每天一圈的绕地球运动，实际是地球自转造成的错觉。如果我们再进一步，把地月双星系统放在太阳系以外某一个星球为坐标原点的三维坐标系统中，我们就会得到如同图 6 所示的地月双星系统的质心绕太阳的螺旋线运动轨迹，在这个地月双星系统共同质心的螺旋线公转轨道上，我们可以得到完全真实、准确的地月双星互动图，但同样得不出月球在绕地球旋转的结论。

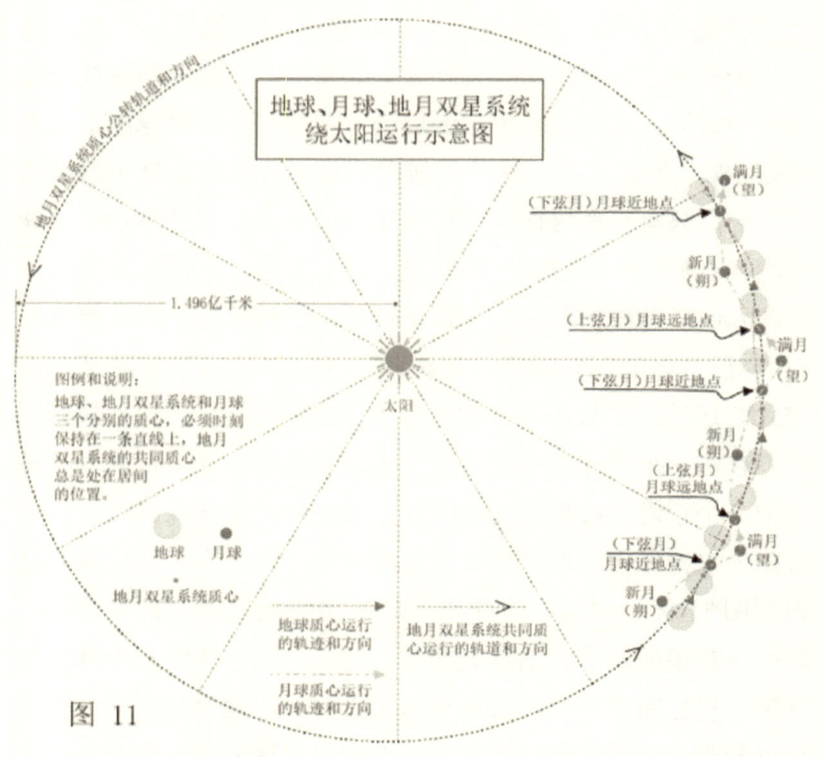

图 11

　　12-10-3 在图 11 中，我们可以很容易判断出，什么时间是月球的近地点，什么时间是月球的远地点，这是由地球和月球组成的双星系统的共同质心与太阳的空间距离锁定的公转运动方向所决定的。当月球运行到共同质心的正前方时，这也是几乎等于运行到了地球的正前方，因为共同质心在地球内部，即下弦月的位置时，地月双星的共同质心向前运动，就会压迫月球并缩小地球与月球之间的距离，这就形成了月球离地球最近的近地点；当月球运行到共同质心的正后方时，也就是上弦月位置时，由于共同质心向前运动，有远离月球的倾向，就形成了远地点。在一年中，公历的九月是地月双星系统围绕太阳公转运行速度最快的时间（请参看 11-3 和 11-6 两个小节），也就是地月双星系统的质心运行最快的时间，所以当月球在公历的九月，即中国农历的八月下弦月，月球运行到地月双星共同质心的正前方时，共同质心对月球的压迫力量是一年中最大的时间，也就是月球一年中最接近地球的时间，接下来的农历八月十五（满月），就是一年 12 个满月中最接近地球的满月，这就是为什么只要没有云彩的遮挡，每年中秋节看到的月亮都是一年中最大最亮的原因。

12-10-4 当今科学界的有些人，把月球定义为地球的天然卫星，说明这些人对双星系统没有正确的认识，只从表面现象看问题，就像一个冰上芭蕾舞演员在高速旋转时看世界，只站在表演者的角度，像是外部世界的一切都在围绕着她运转，自己成了世界的中心一样，地球人站在地球上看月亮，就像月亮在绕着地球转，所以月亮就成了地球的卫星。其实月亮是在围绕着地球和月球组成的双星系统的共同质心在运转，而非围绕着地球在运转，地球本身也在围绕着这个共同质心在运转，只不过这个共同质心现在已移到了地球内部，距离地表约 1650千米处的地壳内，地球与月球都在以相同的角速度围绕着共同

质心在运转，由于两个星球各自的质心距共同质心的距离相差
80 多倍，所以月球要以远比地球快的多的线速度围绕共同质心
做圆周运动，才可以保证三个质心在一条直线上，加上地球本
身又在自转，所以很容易被人们误认为月球是在围绕着地球转
动。如果把月球人为的定义成地球的卫星，那么月球的运行轨
道与黄道平面近乎重迭，同时月球的运转方向与其他行星的运
转方向一致等综合表现，就是一个上万、上十万分之一的碰巧
偶发事件，没有深入研究的必要；但是如果把地球月球看成是
双星系统，那么月球的运行轨道与黄道平面重迭，以及月球的
运转方向与其他行星的运转方向一致等情况的发生，就是一个
必然事件，就存在对月球这个行星是如何产生，是怎样与地球
组成双星系统的等等一系列疑问，有进一步研究的空间和必要
性。

12-10-5 对月球是行星还是卫星两个地位不同的定义，会
引导人们对自然界的认识产生本质上的差别。若把月球定义成
地球的卫星，那么月球或者月球和地球之间发生什么变化，以
卫星的角色和份量不会对行星产生什么影响，所以也不会引起
人们的重视，就像月球正在远离地球这件事，几乎所有人都把
这看作是花边小事。当把地球和月球定义成双行星系统，太阳
对地球和月球的分别作用就弱化了，变成了对双星系统共同质
心的作用，也就是太阳吸引地球和月球绕自己公转，变成了太
阳吸引双星系统的共同质心绕自己公转。这样就会是共同质心
始终处于 1496 亿千米的距离绕太阳公转（近日点和远日点及
其附近除外）的轨道上，而不是地球的质心。由于是地月双星
系统的共同质心锁定在与太阳相距 1496 亿千米的距离上，而
站在地球上的人们，从地球上的某一点看共同质心，该质心在
地球内部是与月球同步运转着，这就表明地球的质心，有时与

太阳的距离会大于 1496 亿千米，即朔月前后的日子里；有时会小于 1496 亿千米，即望月前后的日子里。如果站在地月双星系统之外看地球围绕太阳运转的表现，人们会发现共同质心是在与太阳锁定的 1496 亿千米的距离上运动，而地球是在不停自转的同时又以每月一个周期，锯齿状一边上下不停的围绕共同质心起伏震动。联系目前精密测量得出月球正在远离地球，意味着地球的吸引力在变小，同时也表明地月双星系统的质心在向月球一方移动，也就是共同质心离地球的质心更远了。地球的质心离共同质心更远，就会显示出地球在绕太阳公转时，地球的锯齿形轨迹震动幅度更大了。地球围绕太阳的公转速度平均约为 30 千米 / 秒，比声波在地面空气中的传播速度 340 米 / 秒，快了 80 多倍。我们都有这样的体会，开车车速较低时，路面即使不够平整光滑，也不会感到车子的震动，但是当车速比较高时，同样的路面就会感到有明显的车体震动，车速越快，车体震动就会越大。当地球以 80 多倍的音速狂奔时，地球内部两个质心的距离稍微增加一点，就会使在超高速运行中的地球的锯齿形振幅和振动力度感到增加很多，地球在公转时振幅增加和振动力度加大，对地球本身的物理结构会造成什么影响呢？大家都会立刻联想到，众多千万年巍然屹立的高山，现在从世界各地都不断传出了山体滑坡现象，不要认为这只是下雨引起的偶发事件，千百年来不是只有最近才有下雨，为什么现在下雨和过去下雨不同？过去下雨没事，现在却很容易引发山体滑坡，原因就是现在地球的抖动比过去加剧了。为什么现在世界各地都频繁出现天坑、地陷事件？是因为地球在加力抖动，地球的这种振动器效应让地面松软的地方首先下沉，就出现了天坑。为什么海平面上升了？是因为海水无中生有的大量增加了吗？不是，冰川融化是海水增加的一个因素，但更大的原因是地壳本身在地球的抖动中，地球陆地向内收缩，即地球体积缩小（地球内部是空心的，参见"第九章 对地球内部结构的重新认识"），才使得海水相对增加，从而加快了海平面的相对上升。为什么地球上每年都会发生 500 多万次的地震，平均每分钟会有 10 次地震出现？地球在以锯齿形的公转轨道上震动着高速前进，导致地球内部结构发生了必然而又难以预测的变化是至关重要的因素。为什么人们感到地球上地震的频率比过去高了，震动强度比过去大了？因为地球吸引力降低，月亮远离地球，共同质心外移，地球在公转中同时具有的，围绕共同质心的上下震荡幅度增加，振动力度加大，使地球的外壳所受之力更加急速的变化，这个更加有力的震动作用，使地壳及其内部发生比过去更加明显的变化，让过去的一些无感地震变成了有感地震，也就是表现为有感地震更频繁，地震强度更大。地球的吸引力为什么现在降低了，这与厄尔尼诺现象有直接的关系，在作者的另一本书中，会给出详细而且符合逻辑的解释。

第十三章 太阳系给出的几个谜语

13-1 太阳系目前的状况

众所周知，太阳系有八大行星，在火星和木星之间有一个小行星带，在海王星外侧有一个柯伊伯带，在柯伊伯带有矮行星——冥王星和其他一些矮行星和小行星，柯伊伯带更外围有一个奥特云区域。柯伊伯带以内，就是我们熟知的八大行星依次排列，这八大行星排序所遵循的规则，我们在 11-8 中小节中已经讨论过，靠近太阳的前五个行星是按各自具有的引力场强度，依大小程度，由内向外按升序排列，远离太阳的外围四个行星，是按各自具有的引力场强度，依大小由内向外采用降序排列。如果把矮行星——冥王星加入到最外围作为木星外侧第五个星球，这样仍然符合按引力场大小降序排列的规则，这就是表面看起来像盘子形状的太阳系稳定的结构。如果我们再进一步仔细观察这八个行星，我们会发现：除了离太阳最近的水星还保持着最初开始"自转"时的方向，即转轴倾角几乎等于零 [34] 之外，最大行星——木星的转轴倾角有一个大约 3° 12' 的细小夹角，其余的六个行星的转轴倾角都十分明显，这就是太阳系摆出来的一个画面谜语，来考察地球人类的智慧水平。我们都知道陀螺的特性，具有旋转时定向的功能，就是具有一个轴的陀螺在旋转时，即使受外力作用改变了它的姿态，那么该陀螺仍然会保持旋转初始时的转动方向，也就是转动轴和转动方向都不变，这就是陀螺旋转时的定向特性。每一个旋转的球体，都是一个有着看不见实体，但确实存在的旋转轴，一个旋转的星球就是一个旋转的大陀螺，一个星球现在的旋转方向就记录了他原来初始的旋转方向，当今的八个行星中，有七个旋转方向与拨动它们初始旋转时的方向不同，意味着它们后来被外力强行改变了星球姿态，只有最靠近太阳的水星没有被外力改变，说明这个外力的方向应该是从最外层的海王星一路由外向内到水星之前停止，这应该是一个挟持巨大动能、而且拥有巨大引力场强度的物体，才有能力依次撼动七个相距超远的行星并强行改变了它们的运行姿态，这是一个什么样的物体？按照物质不灭原理，拥有这么巨大能量的物体是不会消失的，而且该物体没有靠近水星，这个物体现在到哪里去了？

13-2 七个行星姿态变化的启示

从这七个行星偏离原始自转姿态的角度来分析，如果这个外力是瞬间并且是一次性的对太阳系进行冲击，那么这七个行星的倾斜方向和角度应该会有某种的一致性，但这七个歪七扭八的行星显然看不出任何一致性，所以这七个行星所受外力的作用是不同时间，分别遭遇撞击的，而且受撞击力度各有不同。从每一个行星偏离原始旋转状态的程度来看，木星以外的四个行星中，木星偏离最小，土星第二小，天王星偏离原始状态最大，海王星第二大。从这四个行星最初吸引力大小来看，木星最大，海王星应该最小，但现在科学观察得知海王星的吸引力比天王星的要大，说明海王星在后期增加了吸引力，因此超过了天王星，那么海王星是如何做到增加自身引力场能量的呢？这与行星偏离原始旋转状态事件有关吗？这也是太阳系摆在地球人面前的几个画面谜语。

13-3 金星、火星同时失掉磁场两者有关联吗？

从木星以内的五个行星来看，最内的行星——水星，保持着原始自转姿态没有任何改变，说明那个外来的巨大外力没有对具有最小引力场的水星造成影响，推测只有一个，水星靠太阳最近，受到太阳的保护，这个外力尚未到达水星之前就被太阳将其阻挡掉了。木星是七个失去原始姿态行星中改变最小的，说明木星拥有的行星中最大的引力场，也同时拥有了最强大的抗击外界骚扰的能力，所以木星虽然受到了外力的影响，但凭借巨大的定力，也就是具有超强的引力场，这样木星只发生了小小的姿态改变。中间的三个行星，包括金星、地球、火星，金星是三个内行星中，同时也是整个八大行星中运动姿态改变最大的一个，金星的自转轴几乎发生了 180 度的大翻转，变成了现在的逆向自转，似乎是整个外力在金星处发挥了巨大的作用力。火星是木星以内四个岩石行星中被改变姿态第二大的行星，火星不仅被外力改变了自转的姿态，而且从目前对火星探测的结果看，火星原本应该有浓厚的大气层，是一个有青山绿水、适合各种生物生存的优质星球，在"10-5 星球拥有磁场的两个必要条件"小节我们讨论过，一个星球拥有磁场的两个必要条件，如果火星原来拥有浓厚的大气层和青山绿水，那么火星那时也一定拥有磁场，但如今检测不到火星应有的磁场强度，那么是什么原因使火星的磁场不见了。奇怪的是，金星也没有磁场，两个星球没有磁场的原因有什么内在和外部的异同？是什么原因让火星的青山绿水、火星的大气层消失了，变成了如今像经过火烤后剩下了表层的红色土地，火星的这一个突变与这个巨大的外力作用有关系吗？同样根据物质不灭定律，火星上消失的水都到哪里去了？这也是当今地球人对火星众多之谜最关注的问题之一。

13-4 地球和火星吸引力大小的逆变换

根据 11-8 小节我们的讨论，明确了木星以内，太阳系行星的排序规则是按行星引力场强度的大小，依升序排列，也就是火星排在地球的外侧，表明某个时刻以前的早期，火星拥有的引力场强度要大于地球拥有的引力场强度，但是如今科学研究表明，地球的引力场强度要大于火星的引力场强度，那么是什么原因让地球的吸引力增加，同时又让火星的吸引力降低了呢？这个引力场强度的逆向变换，与改变地球和火星自转姿态的外力有关系吗？火星与地球之间的吸引力倒置与海王星和天王星之间的吸引力倒置有关联吗？

13-5 内外两个小行星带送出的谜题

13-5-1 在木星与火星之间有一个小行星带，这个小行星带所占据的轨道上，原本应该有一个行星存在于此，这个行星排在火星的外侧，说明这颗行星具有比当时的火星、地球、金星、水星都要强大的引力场，这样一个巨大的星球现在居然消失不见了，取而代之的是目前看到的小行星带，也包括小行星带中的矮行星（谷神星）。如果说原来巨大的单一行星裂解了，碎片化后变成了现在的小行星带，则有科学家进行过计算，把现在小行星带所有的碎片加起来，也无法组成那样一个比如今火

星、地球的吸引力还要大的行星。那么原本很大的行星裂解后消失不见的大部分物质，如今哪里去了？还是要根据物质不灭定律判断，这个消失不见的物质不应该是真正意义上的消失，而是消失在了人们的视野之外。这个谷神星所在的小行星带，与冥王星所在的柯伊伯带有许多相似的地方，包括有数不清的破碎小行星，还有其中最大的星体都是矮行星。柯伊伯带和小行星带左边靠太阳方向最近的行星分别是海王星和火星，他们都出现了行星吸引力排序倒置的现状，这也是太阳系为地球上有智慧人类摆出的许多谜语中的一个。这一系列的"表面上消失"，和遵照科学定律应该是"不灭的存在"之间，暗含着什么样的内在联系？一旦破解了这些谜一样的画面，人类对太阳系的变迁会有一个质变的认识。

13-5-2 对于某一个未知原因的客观事实，如果针对这个客观事实中的某一点提出一个问题，那么可以有许多、甚至可能有成千上万个答复满足要求；如果针对这个客观现象提出了两个同时存在的问题，表面看起来问题更多了，但实际上是找出解释问题的答案更容易了，因为能够同时满足两个条件的答案，就把成千上万个答案中不能同时符合两个条件的回答直接去除掉了大部分，也就把大量的甄别答案正确性的复杂工作简单化了。当三个关于客观事实的条件提出后，就把剩余的答案中不能同时满足所有三个要求的答案剔除了，剩下的答案范围就能进一步缩小。当第4个、第5个由客观事实出发提出的限制条件摆在桌面上时，正确答案的范围就会非线性的快速减少。当人们对一个客观事实提出相关的10个、20个问题（条件）后，能够同时满足所有这些问题或条件的答案，可能只剩下一个了，那时这剩下的一个几乎可以肯定，这个就是正确的答案，是客观事实的原本真相。这就是把出现的问题，当作分析客观事物时的限制条件，采用逻辑推理时常用的排除法，把不能同时满足所有条件的解释剔除掉，就可以比较容易地得出最后正确的结论。

第十四章　月亮的前世今生

下面给大家讲一个科学故事，通过这个故事的叙述，我们就可对上一章摆出的所有太阳系谜语，以及一些没有提到但客观存在的事件，在故事的述说中给出合理的解答，最后由读者自己判断故事的可能性与可信度各是多少。

14-1 第二个太阳现身

在很久、很久以前，也许十亿年前，也许三十亿年前，太阳系是一个整齐和谐的大家庭，在银河系这个大时空社会中，太阳作为这个家庭（系）的大家长，率领八个孩子（八个行星）在银河系中，以 8.37 万千米 / 小时的速度，按银河系的运行规则和设定的路径稳健地前进着。忽然一日，路边出现了一个大火球，这个不速之客体积并不十分巨大，但他却是一个发光的极热星球，或者称他是一个炽热的流浪行星，作为一个单极子，他拥有极强的引力场，对正在行进中的太阳系的一家之主发起了挑战，由于他拥有巨大的吸引力和排斥力，所以他在远离太阳的地方，也就是比现在冥王星的位置还要远的地方，靠着他比木星还要大得多的吸引力，对太阳而言就是排斥力，将自己定位在了远离太阳 40 多个天文单位的距离上，即该火球与太阳的空间距离锁定是大于 60 亿千米的某一距离上。太阳系在被该火球一阵骚扰过后，太阳带领略有凌乱变形的整个太阳系沿既定轨道继续前进，而这个新出现的炽热发光流浪星球在经过几次拉扯较劲后，确定了与太阳的空间距离锁定，将原来无目的，类似醉汉徘徊的运动行为，改变成追随太阳的前进方向，这样他就算正式加入了太阳系大家庭，结束了流浪生涯，成为排在太阳系最外层的第九颗行星，也是太阳系里第二个会发光的二号太阳。

14-2 冥王星的诞生

14-2-1 这个新近加入太阳系的发光炽热星球，不是靠内部某种核聚变，产生持续不断的高热量来保持它的高温和发光能力的气态星球，他是仅靠自己比较特殊的材料，并继承了加入太阳系前所在某星系的炽热特性，所以他在比冥王星更远的轨道上运行不久，也许几千万年或几亿年，它的外表温度就迅速降低，熔岩表面凝结，原来发光的炙热岩浆球体就变成了不发光的第五颗类地岩石行星，我们可以称他为 Y1 行星。他与太阳之间的空间距离锁定，由于 Y1 行星的降温，对太阳的排斥力降低，所以平衡距离被减少到现在冥王星的公转轨道，约 40 个天文单位（60 亿千米）的距离。

14-2-2 从图 7 的行星自转原理示意图中我们可以发现，行星的半径大，太阳作用在该行星表面上的着力点到中心转动轴的力臂就大，这颗行星的自转速度就会比半径小的行星旋转速度要快。行星相对于太阳的运行速度越快，时间越长，该行星被太阳施加力量拨动旋转的作用力就会越大，这个行星的被自转速度也就会越高。这个新类地行星 Y1 排在四个类木星的气体行星之外，锁定在离太阳最远的轨道上，自身球体半径又比较大，被太阳拨动的自转速度就非常高。这是因为离太阳越远的行星，它们绕行太阳公转一周的时间就越长。在以太阳为圆心的黄道平面坐标系中，把太阳运行的方向定义为 X 轴方向，就如同图 7 所示，所有行星都与地球的公转轨道具有相似的情形，行星处在交 Y 轴上方 B 点附近，或者说行星处在第 1 和第 2 象限交汇处，公转速度为 0；在远日点前后的 C 点，行星处在第 2 和第 3 象限的交汇处，自转速度最慢；行星处在第 3 和第 4 象限的交汇处 D 点，公转为最高速；在近日点 A 处，行星正好横穿 X 轴，处在太阳运行方向的正前方，从而引发行星进动现象。行星从旋转最慢的远日点 C，开始进入旋转加速周期，到旋转最快的近日点，历时大约是该行星的半年时间，这些远离太阳的行星的自转速度就会达到难以置信的高度。例如木星与太阳的空间距离锁定在 5.2 个天文单位（约 7.779 亿千米）处，木星围绕太阳公转一周用时 11.86 个地球年，这就是说木星被太阳加速拨动自转的时间有近 6 年，加上木星体积大，太阳与木星两个单极子的吸引力和排斥力作用在木星上的受力点离木星的旋转轴心距离较远，力臂长、扭矩大，所以木星的自转速度就特别快，达到每 9 小时 50 分 30 秒就自转一周 [35]，因此我们看到这个气体行星的外部大气层拥有极高的风速就很正常了。由于气体行星的特殊构造，外层有浓厚的大气层保护，使木星、土星、天王星、海王星等气体行星，可以在高速自转的情况下，不需要用火山爆发的方式来释放高速自转所产生的星球内部压力，而是通过气体的分层流动把内部的高压逐步向外释放。但是这个新加入太阳系、远离太阳的固体岩石行星 Y1，在离太阳约 40 个天文单位的距离上，他绕太阳公转一周用时大约 248 个地球年，也就是说在 124 年中，这个新的硬壳行星 Y1 一直处于被加速自转的过程中。

14-2-3 在 Y1 行星不再发光，外壳冷凝后，开始外壳比较薄，他还可以每隔一段时间，通过火山爆发的方式，释放高速自转产生的内部压力，但随着时间的推移，外壳变厚，加上自身较特殊材料决定了冷凝后的外壳拥有很高的强度，使得产生火山爆发的难度越来越大，终于有一天，该行星的外壳在还没有来得及产生火山爆发的时候，就因自己高速旋转而让外壳产生的离心力，和内部熔岩对外壳极高的压力二者联合作用，造成 Y1 行星由内向外的裂爆，使该行星解体。当 Y1 行星裂爆后，只要外抛熔岩温度相同，它们的质量大小相近，彼此距离不太远，运动方向一致，那么这些液态状碎片，也很快各自收缩形成小熔岩球体，这些小熔岩球体也都是独立的单极子，就很容易出现同方向行进的两个熔岩球之间、在空间距离锁定法则作用下，两个球体互相锁定，形成双星系统，如冥王星和卡容星（冥卫一）组成的双矮行星系统，以及其他许多对双星系统，这也是柯伊伯带双星系统特别多的原因 [36]，这些应该都是来自 Y1 行星裂爆后的遗留产品。

14-3 天王星被撞倒

14-3-1 Y1 行星裂爆后，外壳的碎片和内部的岩浆四分五裂，向太阳吸引力反方向飞出的碎片和内部岩浆小块部分，若干时间后就形成了柯伊伯带小行星外边缘区域；向前向后散落的碎片和熔岩，大些的形成球状岩浆球，变成了冥王星、卡容星这类矮行星；向太阳方向散落的大些的熔岩球体，路过海王星、天王星、木星、土星时，就被它们先后捕获成为它们的卫星，那些小的以及破碎的硬壳部分就变成陨石直接砸向各个行星。由于海王星离 Y1 星最近，所以 Y1 星裂爆后的绝大多数碎片，或大部分小的高温熔岩浆体都被海王星吸入体内，因此造成海王星的质量和热量都比以前有大幅度提高，这就形成了原来比天王星总引力场能量小的海王星，在吸收了 Y1 星分离出的部分物质和能量后，反而超过了天王星的引力场能量，就变成了今天看起来像天王星和海王星位置曾经发生过互换的假像，或者说这就是为什么海王星在今天看来，它的吸引力比天王星要大，却排在了天王星的外侧的原因。

14-3-2 Y1 行星裂爆后，最大、最核心的残余熔岩球体，变成了一个新的比原来 Y1 体积、能量都小很多，但又恢复了昔日的容颜，成为发光发热的熔岩形球体，他还是拥有很大的能量，这个新的单极子，我们把他称为 Y2 星。这个 Y2 星被太阳所吸引，在黄道平面内落向太阳的过程中，对海王星、天王星、土星、木星依次形成撞击。单极子与单极子之间的撞击，就是各自引力场之间的碰撞，当双方引力场都足够大，大到自己的引力场被压缩后可以推动自身运动，那么两个单极子之间的碰撞，就不会出现两个实体物质的直接零距离接触，而是在相距一定距离时，两个单极子的引力场就开始彼此挤压碰撞，使两者运动形态开始发生变化，实例就是前面章节所讨论过的，所有行星在近日点发生的行星进动，那就是太阳前进时对处于正前方横向运动的行星进行撞击，使行星改变了运动形态。所以只会出现小体积的陨石撞地球，因为两者之间的吸引力与排斥力相差太大，小物体所具有的排斥力，或者说它的引力场不足以把自己反弹远离大能量单极子的吸引力。宇宙中应该不会出现火星撞地球，这种两个大能量单极子相互撞击的情况，除非它们被更强大的外力所挟持。人人都可以用两个同极的磁铁相撞，来模拟两个大引力场能量的单极子相撞的情景，不等到两个同极的磁铁物理接触，两者之间的排斥力就已经把它们彼此推开，只有当两个磁铁块被人握住，强行将它们按在一起，才会出现物理层面的零距离接触。所以当这个新的发光熔岩球 Y2 穿过海王星的轨道时，由于自身刚刚开始向太阳的方向降落运动，速度较低，动能不足，所以对海王星的撞击力度较低，使海王星脱离原垂直自转状态改变程度较小，让其倾斜了 28.32°；当发光熔岩球 Y2 继续向太阳落去，这时他的运行速度是在太阳吸引力提供的加速度状态下处于加速过程中，即动能不断增加，通过天王星轨道时，Y2 星就对天王星造成了强烈的撞击，把天王星几乎撞倒，结果天王星从此就只能躺着，以 97.77° 的姿态绕太阳公转；当 Y2 星继续向太阳落去穿越土星轨道时，土星自身排斥力较强，所以 Y2 星对土星撞击造成的影响也较小，土星只倾斜了 26.73°；当发光熔岩球 Y2 继续跌落接近木星轨道时，光球 Y2 不仅因对太阳排斥力的增加而降低了自己落向太阳的速度，加上木星自身拥有巨大的引力场，拥有相当大的定力，所以 Y2 星穿越木星轨道时，对木星撞击造成的影响十分有限，只让木星的自转轴倾斜了 3.13°。

14-3-3 除了 Y2 星对海王星、天王星、土星、木星依次撞击外，由于 Y2 星的引力场也十分强大，对经过的 4 个气体行星的卫星也造成了巨大的影响。尽管 Y2 星的引力场比这四个气体行星都小，但是比它们的卫星的吸引力大得多，在 Y2 星对这些行星撞击的同时，就对它们一部分靠近 Y2 星通过的路径上的卫星，进行了一场毁灭式屠杀，Y2 星的吸引力在对那些卫星强力吸引时，这些卫星一方面受主行星的吸引，一方面受 Y2 星的吸引力拉扯，两方面撕扯的结果就是弱小的、质地不够坚实的卫星被撕成碎片，这就形成了四个气体行星的环状带，即我们今天在地球上看到的各个气体行星外观绚丽多彩的行星环。大家看到，每个行星的环状带只在一个方向出现，这

表明该环状带所在的平面方向，就是当时 Y2 星滑过该气体行星时，Y2 星与该行星的相对位置方向。

14-4 再次出现的发光小太阳

14-4-1 当光球 Y2 穿过木星轨道后，一方面 Y2 星自身对太阳的排斥力急剧增加，降低了落向太阳的速度；另一方面木星强大的吸引力，对远离自己的 Y2 星单极子也发挥了拉力橡皮筋的作用，在 Y2 星自身拥有的引力场能量为基础的条件下，首先是由太阳与 Y2 星的吸引力与排斥力起主导作用，加上 Y2 星与木星的吸引力与排斥力的摄动为次要因素的综合作用力决定下，这个发光熔岩球 Y2 星就被定位在了木星的紧邻内侧。由于 Y2 星单极子的意外插入，使太阳系内所有行星与太阳之间的空间距离锁定，以及行星之间彼此吸引与排斥的摄动都发生了些许变化，这就引发了一连串的行星轨道适度调整，这是太阳系形成以后最大的一次骚乱，经过相当长的调整适应期，也许几百万年，也许上亿年，太阳系才稳定了下来。Y1 星从太阳系最外层的第九颗行星，减肥变成了第五层的 Y2 星，而且第二次成了太阳系中第二个发光的小太阳。

14-4-2 火星原本就比地球拥有更大的引力场总能量，这从火星排在地球的外侧可以给予证明。另外从火星上拥有比地球以及所有类地行星上高得多的火山这个事实，也可以说明火星自身具有更强大的吸引力，或称为稳定自身表面岩石形态的能力要比地球强得多，这是火星早期比地球拥有更大吸引力的一个左证。任何人都可以做一个实验，取一个强力磁铁和一个较弱磁力的磁铁，在强力磁铁上，人们可以把铁质回形针摆放的比较高而不跌落，但在弱力磁铁上摆放相同结构的回形针，尚未摆到同样的高度，这些回形针就会跌落。这就是吸引力大的磁铁可以有较强的维持物体形态的能力，吸引力小的磁铁拥有较小的维持物体形态的能力。这也可以说当地球和火星各自都处于引力场能量最强盛时期，火山爆发频繁，火星由于拥有较大的总能量，吸引力较地球大，所以可以维持较高的火山高度，地球比火星的引力场总能量低，吸引力较火星小，所以地球上的火山高度要低于火星上的火山高度。在后续另一本书中我们还会讨论到，由于火星早期比地球的吸引力大，所以火星要先于地球拥有复杂的生命体，而地球是在增加了吸引力后才得以出现复杂的生命体，也就是出现了寒武纪生命大爆发。

14-5 小行星带的形成

这个第二次再现的小太阳 Y2 星，由于自身物质组成和性质并没有任何改变，随着时间的推移，小太阳由于温度降低很快失去了光芒，从发光的行星变成了不发光的行星，表面从熔岩状液体凝结变成固体。这个 Y2 星从发光到不发光的时间，可能费时几百万年，也可能是几千万年甚至更长，当它的表面凝结成固体后，在现在的小行星带轨道上绕太阳运行，它的公转周期大约 4.6 个地球年，被太阳拨动的"自转"加速周期大约是 2.3 个地球年，经过几千万年甚至几亿年的时间，Y2 星的表面硬壳越来越厚，抗压力能力越来越强，而内部压力也积累的越来越大，终于有一天，这个 Y2 行星又重演了一次 Y1 行星同样的告别演出，在离心力和内部压力的双重作用下，Y2星瞬间裂解爆炸，借爆炸之力，向前向后的固体碎片和小体积的熔岩，形成了现在的小行星带，飞向太阳反方向的碎片进入木星的引力场范围，大些的成了木星的卫星，小些的被直接吸入木星内部；在小行星带中较大的熔岩自然收缩成球状形成了矮行星——谷神星。而此次裂爆的残余核心熔浆部分，也是最大的一部分，再次形成一个炽热的发光 Y3 星向太阳落去。原来的邻居火星，这次成了 Y2 星裂爆的最大受害者。

14-6 火星遭到灭顶之灾

Y2 行星裂爆后，冲向太阳方向的硬壳碎片形成了规模巨大的陨石雨，首先这些大小不等的出自 Y2 行星的陨石砸向火星，使火星在很短的时间内就被砸出了几十万个大小不等的陨石坑 [37]，这才是第一波损害。Y2 星裂爆后最核心、最大的发光熔岩体，形成了 Y3 星这个新的小太阳。由于 Y3 星的引力场能量比原来的 Y2 星要小得多，不可能保留在原 Y2 行星的轨道上，所以 Y3 星就要调整与太阳之间的空间距离锁定数值，这个发光的小太阳 Y3 星被太阳吸引，向着太阳落下，去寻找新的吸引力、排斥力平衡的空间距离锁定。因为所有的行星都是在黄道平面内绕太阳公转，所以当这个发光的高温火球 Y3 星向太阳坠落时，必然是沿一弧线轨迹穿越火星的轨道，这除了对火星造成撞击，使原来火星的转轴倾角从 0° 撞歪成了 25.19°，还使 Y3 星与火星近距离相处的时间加长，这是由于两个单极子之间具有的相互吸引力所造成，我们可以称这段加长的近距离相处时间为粘结期。正是这个粘接期，对火星造成了毁灭性的、不可自我恢复的、永久性的伤害。Y3 星熔岩球温度极高，当他与火星近距离粘结期间，火星的自转已经度过数个到数十，甚至更多个周期，而且当时火星的自转周期应该比现在的 23 小时一个火星天要快，因为那时火星的直径应该比现在的大，太阳拨动火星旋转的力矩就大，这样火星自转的过程，就像自动烤羊肉串一样，火星转着圈被小太阳 Y3 火球持续烧烤。在高温烧烤下，火星表面的一切都被烤干烤焦，可以被粉状化的物质就会被高温变成粉状，原来的青山绿水不见了，都化成了蒸汽或炭灰被吸到了空中，甚至火星表面的土壤、岩石都被高温烤成了红色。更加悲剧的是，Y3 火球把一切可以蒸发进入空中的东西，以及原来存在的火星大气层中的所有气体，在 Y3 火球离开火星落向太阳时，凭着自己的动能冲击力和非常集中的强劲吸引力，几乎把空中全部的这些悬空物质都紧紧的吸引在自己的周围并带走了。这样无辜受害的火星，不仅是被大规模陨石瞬间把半边毁容，自转轴被撞歪，原来有山有水有生物的美丽多彩外表被烤焦变成红色，甚至连水带空气都被洗劫一空，导致火星空有内部热能，和较强的吸引力，但没有外部电子能够被吸入火星内部，火星内部的空心旋涡轴就不能产生定向电子流，因此火星就无法产生电磁效应，火星从此也就失去了磁场，缺少了磁场的保护，火星地表下尚未被蒸发的地下水在后续的岁月中，慢慢挥发出火星表面，随后就会被某一时刻出现的太阳风暴给吹离火星，火星随着地下水的不断蒸发丢失，它的体积就会日益萎缩，导致火星单极子的引力场总能量日益下降，对外的吸引力也同步减少，这也应该是火星早期有磁场，后期直到如今都没有磁场的原因。

14-7 水星是行星自转姿态的活化石

火球 Y3 星穿过火星轨道后，继续沿弧状路线像太阳落去，接着 Y3 星在地球的轨道与地球相撞，与火星大体相同的灾难在地球又一次上演，首先地球的自转轴被撞歪，倾斜了某一个角度，在此之前已被 Y3 星裂爆的陨石雨毁了一部分容颜；其次地球上空并不稠密的大气层也被 Y3 星所破坏并吸走一些，由于 Y3 星外层空中被从火星掠夺来的尘埃和混合空气所厚厚地包围着，在这厚厚介质的阻碍下，Y3 星对地球的烧烤作用没有办法充分施展出来，所以地球上可以保留下几亿甚至几十亿年前就存在的藻类、菌类这些简单生命体化石[38]。Y3 星穿过地球轨道后，继续向太阳低轨道飞去，在金星轨道上，因为 Y3 星的自身引力场总能量大过金星许多，加上高速下坠的冲击力，所以金星被 Y3 星撞的翻了个大跟头。在 Y3 星穿过金星轨道后不久，其自身对太阳的排斥力，已经累积到了可以克服太阳的吸引力和自身惯性运动冲力之和的程度，所以 Y3 星在还没有到达水星轨道之前，就已经开始反弹远离太阳，所以 Y3 星这个能量巨大的球体，没有对水星造成什么影响，这样水星就成了太阳系中唯一的，始终保持最初形成自转时的方向，即水星转轴倾角为 $0°$ 的原始状态[39]。

14-8 为什么金星的一天比它的一年还要长？

14-8-1 Y3 星球反弹远离太阳，再次反向穿越金星轨道，对金星造成二次冲击，使金星的运行状态再次被外力所改变，并最后定格在 $176°$ 的与黄道平面的夹角上，即今天看到的金星的自转方向与公转方向几乎完全相反，这样原来自转方向与公转方向一致的金星，在翻了一个大跟斗，南北方向颠倒以后，自转方向变成了逆公转方向而动，这就使得公转周期 224.7 天中，有 122 天的原本应该被太阳加速自转的金星，变成了有 122 天被太阳阻止金星自转的反向动力，这样的结果就是，金星的自转速度从原来介于水星和地球之间，以小时为单位的自转一圈的周期被减慢，逐年延长，到如今已经被太阳反向拨动的刹车制动力，延长到了 243 天才自转一周，将来终有一天，金星的自转会被太阳的反向刹车力所完全制动，即停止自转，然后再慢慢被太阳在自转加速周期的 122 天中拨动正向加速，变成与金星公转方向一致的自转方向。如果根据金星自转速度变慢的观测数据，并假定金星被撞击前的自转速度取自水星和地球的平均值，建立一个合适的数学模型，科学家们可以不难得出金星自转速度开始变慢的年代，因此也就可以较准确的推导出 Y2 星裂爆的时间。金星自转方向的倒行逆驶，让太阳对金星的自转拨动变成了刹车制动，所以金星的自转也就越来越慢，以至于慢到金星内部不能形成旋涡空心轴，进入单极子内部质心的电子不能形成螺旋定向流动的纯电子流，也就无法产生电磁效应，因此金星也就失去了磁场。

14-8-2 到这里我们可以得出，Y3 行星的出现，造成了火星和金星两个地球的左邻右舍相继失去了磁场。在"第十章 地球磁场的来源"中，我们讨论过一个星球拥有磁场的强弱，是该行星能够获取自由电子数量和自身旋转速度足够高，这两个因素共同决定的，也就是与两者的乘积成正比例关系。火星因 Y3 行星的出现，失去了大气层和火星表面可以获取电子的水和其他物体，所以既使火星自身拥有足够快的自转速度，有旋涡空心轴，由于没有电子去形成电子流，就不能产生电磁效应，所以火星就没有显著的星球磁场。而金星虽然拥有浓厚的大气层，内部也拥有一定量的自由电子，但它的自转速度太慢，无法形成旋涡空心轴，也就不能使电子出现有规则的定向流动，同样也不会产生电磁效应，因此金星上也就没有了星球磁场。

14-9 地球和不速之客组成双星系统

14-9-1 Y3 星反弹朝背离太阳吸引力的方向继续弹高，再次对地球形成了冲击，但此次力度比前一次小得多，对地球的姿态造成的影响不大。Y3 星单极子对太阳的排斥力，决定了它与当时地球对太阳的排斥力处于相近的水平，所以它就和地球处在了与太阳相近似的空间距离锁定的距离上。当 Y3 星与地球同时挤在与太阳的距离相接近的空间距离锁定上之后，由于两个星球围绕太阳的公转方向完全一致，这两个星球之间的相互吸引力和排斥力也就同时发生了持久的作用，这就会在 Y3 星和地球之间形成一个次一级的，或叫二级空间距离锁定，也就是 Y3 星和地球之间，既不会远离，也不会接近，这就形成了二者之间不离不弃的双星系统。这个双星系统不仅围绕着太阳公转，而且又以两个单极子球体的极点（质心）为两个端点，在两个质心的连线上的某一点为共同质心，两个单极子星球以共同质心为圆心，做同步（即相同角速度）圆周运动。这个把共同质心做为圆心，两个星球以不同半径绕该共同圆心做圆周运动的动力来源，在于双星系统的共同质心在不停的随太阳公转而前进，双星系统共同质心的不停移动，会打破两个单极子星球各自的质心与双星系统共同质心三点成一线的规则（原理参见"12-3 直线运动的电子决定三个质心必须在一条直线上"），当两个星球结合成为双星系统后，这个双星系统就成了被看不见的秤杆连接在一起的类刚性联动体，这种双星系统又被称为联星系统 [40]。

14-9-2 太阳对 Y3 星和地球的分别空间距离锁定，就被替代成了对类刚性联动体的质心，即双星系统的公共质心的空间距离锁定，这时太阳的运动，就会对双星系统的公共质心产生对单一行星的空间距离锁定同等的作用，也就是说，当对照图8为参考时，在远日点地球Y3双星的共同质心的公转速度开始追平太阳运行的速度，在中国农历的秋分时节（9月23日前后），也就是以太阳为坐标原点的黄道平面Y轴下方，达到公转周期的最高速度，然后公转速度开始降低，当地球Y3双星的共同质心穿越X轴时，由于公转前进的方向垂直于太阳前进的方向，所以地球Y3双星系统也会受到太阳的撞击产生整体的进动现象，当地球Y3双星减速运行到大约中国农历的春分时节（3月21日前后），也就是地球Y3双星系统的公共质心公转运行到黄道平面的Y轴上方时，运动速度就降到零，这里就是共同质心公转轨道的拐点，也是公转速度由零开始的起始点，从春分时节以后地球Y3双星系统的共同质心开始逐渐加速，直到远日点赶上太阳的运行速度。

14-9-3 地球Y3双星系统的质心在围绕太阳公转时，地球和Y3星各自的质心受太阳吸引力的作用与双星系统彼此潮汐锁定的作用力相比被弱化，所以地球和Y3星并不直接受太阳支配，而是跟随共同质心的变动而变动。共同质心在绕太阳公转移动，若两个星球各自的质心没有移动，就打破了三个质心必须在一条直线上这个二级双星相互空间距离锁定后，组成双星系统的基本规则，所以两个星球也必须立即调整各自的运动形态，保持三个质心必须在同一条直线上，这样距离共同质心较远的那个星球运动速度就会快一点，距离共同质心较近的另一个星球运动速度会慢一点，以满足二级空间距离锁定和三个质心必须在一条直线上，这两个约束条件。在满足这两个约束条件的情况下，就出现了地球Y3双星系统，既要绕太阳公转，他们分别又绕自己的共同质心在做同心圆的同角速度圆周运动，这就是为什么双星系统一定是以相同角速度，做圆周运动的道理，因为要保证三个质心在一条直线上。由此也可以推出，双星系统两个星球围绕共同质心旋转角速度的快慢，取决于共同质心围绕另一个更大星体质心的运行速度。若双星共同质心运动速度快，双星旋转的角速度就快，若双星共同质心运行速度慢，则双星旋转的角速度就慢。由于地球和Y3星相互面对面锁定的力大于太阳对地球和Y3星分别拨动的力，这样地球和Y3星这两个星球在减少了"被自转"的外力后，地球和Y3星的自转速度在潮汐锁定所起的阻尼作用下就慢了下来，直至完全停止自转，只剩下彼此以相同的角速度，绕两个星球共同的质心做同心圆的圆周运动。

14-10 双星系统为什么会面对面的锁定？

由于地、Y3两个星球主要受双星系统支配，太阳的直接吸引力退到次要位置，双星也就不再被拨动形成"被自转"，星球内部既有炽热的岩浆，又有空洞的空间存在，在两个星球彼此吸引力的作用下，两个星球内部的岩浆就会被对方吸引力所吸引，相对集中在靠近对方一面，而另一面就会较多的出现球壳内部的空腔，这就形成了双星两方都是内部质量不均衡，这不利于自转，就容易形成双星的面对面锁定。随着发光的高温Y3星球的降温，Y3星的引力场能量迅速降低，Y3星与地球双星系统的共同质心就从较接近Y3星的一端向较接近地球的一端移动，两星球围绕共同质心的转动线速度也在发生此消彼长的变化，地球从较快的转动线速度，向较慢方向变化，而Y3星从较慢的转动线速度，向较快的方向变化，这也是角动量守恒的具体表现。随着Y3星温度的进一步降低，这个双星系统的共同质心最终移到了地球的球体身上，这时太阳对双星系统共同质心的吸引力作用点，同时又作用在地球的身上，从此地球又开始被太阳强力拨动自转了，而 Y3 星仍然只围绕双星共同的质心做圆周运动，而没有"被自转"。由于 Y3 星长期没有自转，而且内部岩浆紧贴靠近地球的一面，远离地球的一面内部是中空的，在 Y3 星慢慢地冷却过程中，这一状态就趋向于被逐渐固化，这就是把 Y3 星球变成了一个空中不倒翁，使它内部质量集中的一面永远向着地球。正是 Y3 星与地球组成了双星系统，不再被自转，摆脱了前两次裂爆再发生的可能性，所以组成双星系统，也是星球自保安全的一个有效方法。从地球 Y3 双星系统的两个星球不自转情况推广来看，人们观察到太空中某一个星球，如果它不自转或自转速度较慢，那么很可能存在另一个星球与该星球组成了双星系统，使它摆脱了被另一个中心星球或黑洞拨动而被自转的处境。就像冥王星与冥卫一（卡容星），在远距离轨道上，公转周期长，由于被自转的时间段较长，原本应该被太阳拨动高速旋转，但他们组成了双星系统避开了太阳的直接作用，现在只是 6.39（地球日）X 24（小时）= 153（小时）才自转一周[41]。而处在小行星带的谷神星比较靠近太阳，直径约 945 千米，较冥王星的直径 2372 千米小得多，也就是受太阳拨动时的力矩要小很多，与冥王星相比公转周期短，被太阳拨动自转的时间段较短，属于较低自转速度区域，但由于没有其他行星与之组成双星系统，自转速度反而高于冥王星，达到 9 小时 4 分就自转一周[42]。

14-11 月亮的诞生

14-11-1 炽热的 Y3 星球能量大，吸引力大，不是靠他的质量大，而是靠他的热量高，这样他才有能力定位在与地球同等的公转轨道高度，才有机会与地球相互锁定对方组成双星系统，也正是 Y3 星的温度高，与周围环境温度差异梯度大，Y3 星球的温度也就下降得更迅速，从发光的单极子降温变成不发光只发热的单极子，然后进一步降温成为外壳坚硬，而且冰冷的金属特性很突出的银色小星球，它就成了后来地球上出现的高级生物人类口中的月亮。如果月亮不是与地球组成双星系统，按照它现在本身的吸引力和排斥力来重新在太阳系中排序，它可能会排在比水星还要靠近太阳的轨道上。

14-11-2 在地月双星系统形成的早期，地月双星系统的共同质心应该在月球身上，因为那时的 Y3 星温度很高，是发光的星球，高热量是吸引力的主要组成部分。月球成为地月双星系统吸引力中心点，地月双星系统外部的物质，如陨石被吸引进入双星系统内部，都是从月亮这个双星系统质心所在地进入双星系统的，这就应该是早期为何大量陨石都会砸向月球的原因。当月亮的温度降低，表面凝固成为硬壳，并且外壳逐渐变厚，在外壳厚度增大到 6 千米左右时，月球不仅失去了地月双星系统的主导地位，共同质心早已移到月球体外，而且月球早已停止了自转，所以此后进入地月双星系统的陨石，绝大多数不再砸向月球，这就让月球背面的陨石坑都截止在了六千米多一点的深度[43]，以后外面进入地月双星系统的陨石越来越多地砸向了地球。

14-11-3 由于月亮是一个体内含有空腔的不倒翁，所以它体内质量集中的一面总是对着地球，只有当月亮绕地月双星系统的公共质心公转，运行到这个公共质心与太阳的质心中间（新月）时，也就是月亮每月一次通过太阳和地月双星系统的质心连接线时，太阳才能对月亮产生强力拨动作用，但由于时间短暂，月亮只能被拨动一下，就穿过了太阳与地月共同质心的连线，没有了后续强大拨动力，所以月球会右转一下，在不倒翁特性的作用下，会反向再左摆一点，这就是天文观察者笔下的月球天秤动，使人们在地球上看到 59% 的月球面[44]，而不是仅仅 50%。这就是为什么人们所有观察到的星球中，只有月球会有天秤动的道理，因为月球是一个行星，他才会在黄道平面上运行；因为他与地球组成了双星系统，他才可以与地球面对面锁定，因此也就可以变成不倒翁；因为他从高温的强吸引力降温变身成弱吸引力，才可以和地球组成双星系统而定位在现在不属于他的能力的轨道上；因为他现在能力弱而不得不在远离共同质心的距离上快速奔跑来弥补自己吸引力不足的缺陷，以确保三个质心保持在一条直线上；因为他跑得快，在穿越太阳和地月共同质心的那一段固定距离时，也就是每个月的新月前后的那一刻，就是瞬间通过，此时太阳的强力拨动作用，在月球身上只能是短暂的拨动了一下，月球就向后歪了一下身子，接着迅速跑开，向上弦月挺进，月球不倒翁的脾气发出反作用力，把太阳拨歪了的身子矫枉过正的扳过来，这就发生了月球独有的天秤动现象。

14-11-4 在这里我们梳理一下：1）地月双星系统绕太阳公转是一个整体的双星系统运动，是太阳的质心对双星系统的共同质心吸引作用为主，与两个子星球分别吸引与排斥为次的综合相互作用。2）太阳拨动地球自转是一个特殊情况，这是因为地月双星系统共同质心移到了地球体内，所以太阳对地月双星系统质心的作用，就同时作用在了地球身上，形成了太阳对地球持续不断的拨动之力，大于了地月双星潮汐面对面锁定之力，才使地球得以旋转；而月球没有受到太阳持续不断的强力拨动，月球本身受地月双星潮汐面对面锁定之力大于太阳对月球正常拨动之力，所以月亮没有自转，只有每月一次通过地月双星系统的质心与太阳质心的连线时，被太阳短暂的强力拨动一下，形成月球的天秤动现象；这里也表明了，星球的自转是被别的星球拨动而旋转，如果没有别的星球的拨动，任何星球都不会自转；进一步延伸我们可以看到，月亮没有自转就不会有星球磁场，也不会有月球上的火山爆发。月球上的火山爆发遗迹，应该是月球的早期还存在自转时发生的。3）地球和月球分别绕地月双星系统的共同质心做同心圆周运动，特点是两个星球的质心和他们共同的质心三点始终保持在一条直线上，所以这就决定了两个星球做圆周运动时他们的角速度必然相同。4）地球目前的运动状态是多重运动迭加而成，包括：（1）受地月双星系统的共同质心的带动绕太阳进行公转；（2）受地球和月亮二级空间距离锁定，形成的双星系统三个质心必须保持一条直线的制约，而产生的地球绕共同质心做圆周运动，尽管这个圆周运动的表现非常不明显，原因就是半径太小；（3）太阳由于对地月双星共同质心的作用，而意外把双重作用力同时施加在地球上，使地球被太阳拨动而旋转，这个双重作用力一个是指向地球的质心，另一个是指向距地球质心 4671 千米处地月双星系统共同的质心[45]，由于地球、月球都在不停地运动中，加上地球在自转，所以站在地球上的人们观察共同质心时会发现，共同质心在地球内部也在不停地运动着，这就决定了地球被拨动旋转的力矩是时刻变化的，所以地球的自转速度也应该在不停的变化之中，只是由于旋转具有惯性，这种惯性的作用抹平了地球自转快慢交替变化带来的明显波动；（4）地球"被自转"时，还要克服与月球面对面潮汐锁定所产生的阻力。5）如果站在太阳的角度看地月双星系统的共同质心时，这个共同质心在地球内部保持在一个 AU 距离上匀速前行，是一个相对稳定的点，不停变动的是在自转的地球，和有天秤动的月球，请参看图 11。

14-12 月亮存在自转的理论缺失

现在主流理论认为月球的自转速度和它绕地球运转的速度相同，本书作者认为应该是一个不正确的解释，因为如果认为月球在自转，无法解释月球天秤动中逆自转方向而动时的力来自何处。人们在解释月球自转速度与他绕地球公转速度相同的时候，都是先入为主的认为月球是地球的卫星。只有当月球是地球的卫星时，才可能有同步自转的情况发生。如果月球不是地球的卫星，而是和地球的地位一样都是行星，都在围绕着太阳公转，就像图 11 描述的那样，月球同步自转的解释就完全没有了基础。所以在分析月球有没有自转时，人们要敢于面对同时出现的每一个事实，不应该取一部分，罔顾另一部分，也就是不应该回避月球存在天秤动这个月球专有的事实，这是月球作为行星与其他大质量卫星的自转形态本质不同的关键所在。讨论月球的自转时，应该把月球的自转和他的天秤动两种自然现象同时摆在面前，将这两个现象割裂开去讨论，这就违背了科学应该实事求是的基本原则。同样如果认为月球完全不转动，则会出现月球一个月绕地月共同质心一周，一定有另一半也必将面对地球的情形出现，这与事实明显不符。合乎逻辑的解释应该是：月球它本身就是一个空中不倒翁，在空中不倒翁的定位作用下，它体内质量聚集的一面被地球吸引着永远靠近地球，月球每月一次通过地球（地月双星的共同质心）和太阳中间时，被太阳的吸引力短时间拨动一下，使月球这个空中不倒翁向一边转一点，月球的快速前进使太阳拨动的力很快消失，空中不倒翁就会向被转动的反方向自动摆过去，这就形成了月球天秤动现象。在科学家对月震进行监测时，发现月球内部有很大的空腔存在，同时面对地球的一面有大量表面平坦的月海存在，说明月球内部的岩浆靠近地球，当月球正面被陨石砸破时，在地球吸引力的吸引下，月岩流出，覆盖住月球表面，形成平坦的月海，这几种事实的综合就可得出肯定地结论：月球是空中不倒翁。

14-13 月亮让地球变成了暴发户

14-13-1 与地球组成双星系统的月球，从发光发热的熔岩球，到不发光只发热，再到外壳冷凝成为类地星球的过程，也是地球受月球影响，被改造产生质的飞跃的过程。首先，地球的自转轴被撞歪；其次，地球也像火星一样被加温，不过程度远没有火星那般惨烈，因为此时 Y3 星外层已经被大量尘埃和水蒸气包围，空中介质很浓厚，现在我们可以找到几十亿年前的细菌化石，就是地球生命没有像火星那样被中断过的证据；接着，Y3 星由于自身降温，吸引力下降，它所有从别处带到双星系统的身外财产都一点不剩的逐步移交给了地球，这里遵循洛希瓣规则，即在联星演化的过程中，这种质量传输现象被天文学家称为洛希瓣溢流。大量的水蒸气在组成双星系统初始就已经开始了质量转移进程，随着 Y3 星吸引力的减小，在 Y3 星最外层的水蒸汽、尘埃，会被地球的吸引力一点一点把最靠近地球的那些收入自己的引力场控制范围内，然后水蒸气变冷形成雨水降落到地球表面，雨水落下的同时，也夹带着一些尘埃落到地球表面，随着 Y3 星温度的持续降低，吸引力下降，越来越多的水蒸气夹带着宇宙尘埃，被源源不断地从月球周围的空中转移到地球上空，再进一步由地球上空混合成连绵不断的大雨，大量有机和无机宇宙尘埃随大雨一同从天而降，覆盖了整个地球。原本在 Y3 星周围浑浊的气体，在转移到地球上后就变成了真正无边的海洋和水中的漂浮物，以及包围着地球的大气层。地球不仅从 Y3 星处接收过来了大量的物质财富，增加了地球的质量，同时也大大增加了地球的热能量，因为 Y3 星巨大的能量在冷却的过程中，通过辐射的方式把热能传递给了周围的这些水蒸汽和尘埃，这些空中漂浮物降落到地球上时，就把这些热能量也奉送给了地球，所以地球就大发了一笔横财，使原来比火星低的引力场能量，在火星财富被抢，地球财富猛增双倍反向变化下，使得地球单极子拥有的引力场能量，具有了超过火星的物质基础。

14-13-2 地球吸引力最终大于火星吸引力的一个决定性因素应该是，地球在获得了大量的天外来水之后，地球在这巨量水的浸蚀作用下，地壳变软了，一旦有水渗透穿过地壳进入地幔，水就会被高温岩浆所汽化，使地壳下面的压力增大，当不断有水渗入地幔，地壳下面的压力就会越来越大，当这种气压大到一定程度时，就会在地壳薄弱处外泄形成火山爆发，每一次火山爆发，地幔都会损失一些岩浆，同时内部增加一些空腔，地球外观就会增加一些体积，地球的体积越大，说明他内部的空腔就越大，内部空腔越大，内部岩浆旋转的线速度就越快，岩浆线速度旋转越快，能量就越大，转化成的热量就越高，所以地球显示出的引力场能量就越大，这也是地球的吸引力最终会远大于火星吸引力的关键因素。

14-14 寒武纪生命大爆发时的生物为什么都是水中生物？

从火星现在的体积，和最早火星拥有比地球更大的引力场能量，使火星排在离太阳更远的轨道上来判断，在月球与地球形成双星系统之前，地球的体积应该比现在的火星更小，自从地月双星系统出现后，早期发光发热的月球，把原先从别处抢劫来的，只属于自己的浓厚大气层和其他物质逐渐赠送给了地球，从此地球开始发迹，大量的水从天而降，使表面积不大的地球完全被水所包围，水深可能达到数百米、甚至数千米，并且巨量的外来物质，包含许多种有机成分和无机成分的宇宙尘埃都纷纷降落在地球表面的水中，由于大气层的温室效应，加上月球像一个远距离红外线热源，对处于温室内的地球进行适当温度的维持，以及水中温度的相对稳定不变，落入水中的各种有机成分就在水中发育成了各种各样的水中生物，这就出现了著名的寒武纪生命大爆发。为什么寒武纪前复杂生命体出现了空白，除了地月双星系统出现前，地球体积小，拥水量少，地球较为干燥，没有四季，昼夜温差大，这些条件都不利于复杂生命存在。从吸引力的作用点是物体身上的电子这个理论出发，可以推导出地球吸引力是把有机元素从无生命的物质，逐步打造成有简单生命的物质，再逐步塑造出复杂生命体的关键推手。地质和考古科学中所发现的事实表明：地球在寒武纪之前的几十亿年中，吸引力一直较小，无力制造出复杂的生命体。在临近寒武纪前的某一天，Y3 星突然出现在地球的轨道上，与地球组成了双星系统，渐渐地使地球的吸引力逐步增强，再加上地球上出现了大量的有机元素，适当的光线、温度、大气和充足的水，就自然而然地在随后的几千万年中，几乎同时催生了门类齐全的各种水中生物。为什么说地球吸引力是创造出复杂生命体的关键因素，我们在另一本书中会给出详细说明。

14-15 恐龙时期的地球形状

14-15-1 随着地球上数百米、甚至数千米深的水对地球表面岩石的挤压、浸蚀、渗透，地球原来坚硬的地壳和接近正圆球状的身体发生了变化，地壳开始变得松软，并开始膨胀，地球体积变大，表面积也开始增加。地月双星系统，除围绕公共质心公转和随公共质心绕太阳公转外，双星的共同质心落在双星之间的空中，这样地月双星都脱离了太阳的直接强力拨动，在相互潮汐锁定形成的阻尼作用下，逐渐失去了自转的能力。双星彼此的次级空间距离锁定，导致地球和月球都产生了物理变化。地球因为地壳被水泡的松软，面对月球的部分就被月球的吸引力慢慢吸了起来，使地球外观产生了形变，这就是潮汐隆起[46]。月球外壳坚硬，又没有水对外壳浸蚀，所以月球外观没有变化，但月球内部有空腔，在地球吸引力的吸力作用下，月球内部的岩浆都被强行集中到靠近地球的地方，一旦有陨石砸到靠近地球的一面并露出了岩浆，月球内部的岩浆就会立即涌出来覆盖大片月球表面，这就形成了我们看到的大面积的月海。内部岩浆外溢，空腔加大，这就进一步把月球变成了一个空中不倒翁。不倒翁的特性对月球的自转更是加大刹车效果，所以月球也就很快停止了自转，这时就出现了地月双星面对面的锁定。地球与月球都停止自转面对面锁定后，地球也是一面总是朝向月亮，地球表面的岩石在水不间断的浸蚀下逐渐松动软化，加上水不断在地球引力的作用下逐渐下渗，使相当深度的岩石都被水浸蚀和松动，这些松动的大小岩石在月球吸引力的作用下，就开始隆起向上扩展，形成了正对月球一面的地球水下岩石逐渐隆起，这些隆起的岩石就像蒸馒头的发酵面粉一样越来越高，最后露出水面形成一个孤岛。这些岩石一旦露出水面，就不再受水的浸蚀，就会很快收缩恢复到较坚硬岩石的正常状态，也就不再容易产生形变被月球吸引继续向上扩展，那些还在水下的较松软岩石会仍然向上扩展，最终也会像附近露出水面的岩石一样脱离水的覆盖见到阳光，这样在地月双星系统面对面锁定的情况下，月亮成了球状空中不倒翁，地球成了鸡蛋形，也就是比较尖一端的小头部分露出水面，指向月球。这也就是地球与月球组成双星系统后，先变成了一个大水球，然后变成了鸡蛋型，最后鸡蛋型小尖头变大露出水面，这就是水包裹住地球后出现的单一大陆或叫泛大陆。

14-15-2 在泛大陆时代，地球没有自转，也没有磁场，气候在月球提供热源的暖房中非常湿润温暖，地球的吸引力已经有了大幅度提升，面对大量出现的有机元素，地球吸引力就开始对大量的有机元素合成制造出无数的有机物，又从有机物大量制造了有机生命体，进一步又制造出大量的复杂生命体，地球没有被太阳的吸引力所拨动而"自转"，只是在围绕地月双星的共同质心在进行绕行运动，同时随公共质心绕太阳进行附属型公转。地球和月球围绕共同质心公转一圈用时一个月，就像现在月亮绕地月的共同质心用时一个月一样，但由于地球不自转，所以地球绕地月的共同质心一圈也正好形成一个昼夜，也就是一个白天相当于现在半个月，一个夜晚也相当于现在的半个月，因此这些生命体在漫长夜晚的安逸快速体格生长期都能有充分的时间放开地成长，所以泛大陆时期，无论是动物还是植物，它们身体的体积与现在我们看到的动物植物相比都十分巨大，尤其对于动物而言，黑夜时间较长，没有夜视能力的动物夜间没办法进食，只能在天黑前大量进食，将食物储存在体内，以便度过漫长的黑夜，所以没有夜视能力的动物们的胃必须足够大，胃的容积大，装满食物后体积很大，所以这些动物们的肚子就一定很大，与大肚子相适应的各种食草和食肉类动物就纷纷发展成了巨大体型了，雷龙（恐龙的一种）拥有巨大的体型就是那个时期的典型代表。

14-16 恐龙为什么会短时间内灭绝？

14-16-1 当月球的温度逐渐降低，吸引力变小，而地球的质量增加，吸引力变大，地月双星系统的共同质心逐渐向地球一边滑动，最终共同质心移到了地球鸡蛋形的尖头上，地球开始被太阳拨动了。最初地球的转动如同现在月亮的天秤动一样，太阳拨动尖头的作用力在受力点施展一下很快消失，地球转动一点，然后在与月球的面对面锁定下又被拉回来，左右摇摆一下，等下一次太阳再作用在地球尖头上的共同质心上时，再让地球左右摇摆一下。随着共同质心向地球内部深入，太阳拨动地球旋转的作用力时间也越来越长，终于有一天使地球不再左右摇摆，而是能让地球完整旋转一圈，从此地球就又开始"自转"了。地球开始旋转的情形与别的圆球形行星旋转的情况是有很大差别的，因为首先，此时地球不是圆球型而是鸡蛋型，接受太阳拨动的受力点从鸡蛋小尖头上开始，逐渐延伸，所以前期受力时间是断断续续的；其次，因为地球此时呈现凸轮形状，没有稳定的转动轴，旋转的方向会有很大的不稳定性，就是转动方向上下变化很大；再次，地球表面拥有大量的水，这些水会随着地球的不完全守规则的转动而增加地球转动的复杂程度。随着地球旋转速度的加快，地球内部的漩涡状空心轴开始出现，并逐渐成型，同时地球外部的鸡蛋形状承受的离心力不平衡程度也越来越强，终于有一天这种不平衡被打破，地球的鸡蛋形状被撕裂，也就是单一的泛大陆被裂解成若干块，这个裂解的过程，也是地下溶岩溢出，即火山爆发的过程。

14-16-2　由于地球的外形发生重大变化，地球的自身旋转也从不平衡向平衡方向急速转化，这种急速变化的力量，造成了整个地球的运动姿态也跟着变化，变化的结果就是，地球绕共同质心运行的轨道平面与自身旋转形成的漩涡状空心轴发生扭曲，扭曲的角度是 23.5°，从此以后，地球的旋转就越来越平衡，也完成了地球从不旋转到旋转，从一个月旋转一圈，即一天一夜用时一个月，到几十个小时就旋转一周，即一天几十个小时的较稳定状态的转换。这种从一个稳定状态过渡到另一个稳定状态的转换，使原来适应前一稳定状态的动、植物，如果不能熬过过渡期的剧烈环境变化，包括从陆地到水中的变化，火山爆发引发的高温考验，火山爆发释放出的有毒气体的熏陶，冷热气候的快速变化，白天和黑夜的快速交替变化等，就会在过渡期中死亡，即是熬过环境剧烈变化的过渡期，在新的稳定状态时期，那些幸运保存了生命的动植物，如果不能适应新的稳定环境，包括：一天一夜从一个月的长时间缩短到 20 多个小时就完成了一天一夜的周期，相当于原来的一晚上睡半个月，大约是 360 个小时，现在一晚上只能睡 12 小时，也就是睡觉、醒来，再睡觉、再醒来，频率加快了近 30 倍，如果放在我们现代人，以每天睡觉 12 小时计算，频率加快了 30 倍，就相当于人们每睡 0.4 小时，即每睡 24 分钟就要醒来，过了 24 分钟再睡，过 24 分钟又必须醒来，长此以往，试问现在地球上的现存动植物，有多少可以适应这种自然昼夜的变化频率。我想现在的人类，如果没有人工干预制造出人工夜晚，在如此快的白天黑夜交替频率下，即使再健康的人用不了多久，也都会快速生病进而失去生命活力。

14-16-3　地球从不旋转到快速旋转，这就出现了过去不曾有过的强烈的风暴和雷电天气，地球的旋转又产生了强大磁场，这对存活下来的动植物又是一个时时刻刻都要与之博弈的无形考验，还有气候的巨大变化，过去是在暖房中，一年到头没有四季，天天风和日丽，现在由于地球自转轴发生倾斜，出现冬季，除了气温下降，冬天寒冷无比，还有植物凋零，食物链断裂，这对食量巨大的动物，例如恐龙，更是致命的打击；另外地月双星系统的共同质心从靠近地球开始，到移动至地球的体内，地球当然就成了地月双星系统的吸引力中心，这样几乎所有天外来客——陨石，都会直接砸向地球，所以这些残存的生物还要与这些陨石造成的地球上的灾难来抗争。试想一下，体大、力大、食量大的恐龙群体，夏天刮风下雨难以入睡，造成群体性精神错乱；冬天身体无毛无法御寒，食草类恐龙因植物凋零，缺少食物而大批死亡，食肉类恐龙因食草类动物的大量减少也随之锐减，这样一年下来，恐龙整体数量就会明显下降，随着年限的增加，原来的恐龙种群和数量都会迅速缩小，在这种缩小的过程中，有些恐龙在新的环境下发生了变异，这种变异使他们慢慢适应了地球提供的新环境，包括它们的胃变小，身体变小，身上长出体毛；那些没有发生变异的恐龙，在地球新环境下，只能苦苦挣扎，最后走向彻底灭绝。

14-17 月亮带给地球的变化

根据前几小节的描述，我们可以大胆的推断，在元古宙后期，距今大约 6~7 亿年前月球来到地球身边，与地球组成双星系统，为地球带来巨量的水和大量宇宙尘埃，包括有机元素，随后陪同地球一起停止了自转；经过约 1 亿多年的孕育，到显生宙古生代的寒武纪，距今大约 5.7 亿年前，就产生了著名的寒武纪生命大爆发；在水的浸蚀下，地球表面岩石被松化，朝向月亮的一面，地球因被月亮吸引而慢慢隆起，变成鸡蛋型，小尖头形成一个孤岛型泛大陆；经过5亿多年的生命进化发展，鸡蛋型地球陆地上生物出现了登峰造极的多样化、大型化；在大约六千五百万年前，由于月球吸引力持续降低，地月双星系统的共同质心，从地球凸起的泛大陆进入地球体内，地球被太阳重新拨动，又开始旋转进入"被自转"状态；随着旋转速度加快，凸出水面的单一泛大陆被不平衡的离心力所撕裂，形成若干破碎的大陆板块，四分五裂的大陆板块在地球旋转产生的离心力作用下，就形成了破碎后大陆板块之间的彼此远离，这就是德国地球物理学家魏格纳，1912年提出的大陆漂移学说的客观基础；在单一的泛大陆被裂解的同时，由于偏心的不平衡力驱使，以及地球上巨量流动水同时参与的合力作用，使地球的运动形态发生巨大变化，导致地球初始形成的旋涡空心轴偏离了原来垂直太阳作用力的方向，出现了23.5°倾斜，而后就重新又有了较强的地球磁场，且新增了四季的变化，白天黑夜的较快速交替，各个大陆板块在水的渗透切割和地球自转离心力的共同作用下，表面看来各个大陆板块在不断漂移，而实际应该是地球的地壳在不断地于海底薄弱处被撕裂过程中，熔岩涌出，地球的体积在不断地增大，这也是20世纪60年代以来出现的海底扩张学说的事实根据，与此同时，地球内部的空腔也在同步增大，这就有点像在吹气球的感觉。这些变化出现后呈现了新的稳定常态，不能适应新常态的，包括统治地球数亿年的巨型恐龙在内，数以万计的动植物大量死亡直至灭绝。换句话说，地球从月球出现在地球轨道开始逐渐停止了自转，前后持续了约六亿年的时间，这六亿年是地球产生质的变化时期，吸引力被陡然提高，大量外来水的出现成了地球上温度的控制器之一，并创造了无数的水中动植物生命，地球质量明显增加，在与月亮面对面潮汐锁定的吸引力作用下，潮汐隆起作用让地球出现了单一的孤岛——泛大陆，促使部分动植物从水中生存向陆地生存的转化，也同时催生创造了许多原生性陆地动植物，因为昼夜时间各长达半个月，没有夜视能力的动物们，要拥有巨大的胃储藏当时一个夜晚，等于今天半个月的食物供身体所需营养，所以泛大陆上的许多动物必须拥有巨大的身躯来适应胃的体积，因此才有巨大恐龙的出现。如果现在地球停止自转，恢复半个月的夜晚、半个月的白天，没有智慧人类采用技术手段干预，那么经过几万、几十万年的演变，地球上也会再度出现体型巨大的动物，包括人类也会因为胃部容积的增大，而使身体各部位都会相应加大成为巨人体型。大约 6500 万年前，地月双星的共同质心移到地球内部，使地球被太阳重新拨动而自转，地球重新自转后，形成了新的地球环境和状态，地球的新状态和新环境导致地球上生物的重新洗牌，大胃容量的动物消失，小胃容量的动物出现并蓬勃发展。

14-18 关于月亮之谜的几点答疑

如果说地球是我们所能看到的所有生命之母，那么月亮就应该是当之无愧的被尊为地球上的生命之父。对于这个生命之父的真实年龄，由于他来自太阳系外，所以无论他的真实年龄比地球小还是比地球大，甚至他比太阳的年龄还要大，都不足为怪，因为他出生自与我们太阳系不同的星系，没有直接可比性。关于月亮现如今没有磁场，但月亮岩石却被磁化的疑问，这是因为他现在没有旋转，不能产生旋涡空心轴，所以没有磁场，但在 Y1 星和 Y2 星，以及 Y3 星早期，他都处于极高速自转状态，他的所有肌体组成部分早已被磁化了。月亮为何一面永远对着地球，是因为它是一个空中不倒翁，远离地球的那一面内部有空腔存在，这也可以从面对地球的一面拥有大面积的月海间接表明，当月球面对地球一面被陨石砸破月壳后，靠近地球这边月亮内部聚集的岩浆，由于地球吸引力的作用，就会有大量月岩流出形成月海，而背面极少岩浆流出说明月球背面内部岩浆压力不大。月球的天秤动表明，月亮只能是一个空中不倒翁才可以形成左右摇摆，如果月球是沿一个方向与地球公转等速度旋转，那么就无法形成如此均匀的左右摆动。月球在Y2 星时就已经成为一个遵守规矩的行星，所以当他成为月球时当然仍然遵循行星的规矩，运行在黄道平面内，这是必然的现象而绝非巧合，这也是月球与其他行星所拥有的卫星之间的根本性区别。月球不是地球的卫星，而是与地球平起平坐的夫妻星球，只是因为月球把属于自己的引力场能量转送给了地球以后，就远离了双星系统的质心，月亮离共同质心的距离比地球离双星共同质心的距离远了 80 多倍，月球要与地球保持相同的角速度，月球就要以比地球快 80 多倍的线速度，绕他们共同的质心快速奔跑，而共同质心又存在于地球体内，加上地球被太阳拨动在快速自转，所以在地球上的人们看起来月亮像绕着地球转，这样月亮就被人们误认为是地球的天然卫星了。

月球从 Y1 星、Y2 星的两次裂爆减肥，到与地球组成双星系统结为夫妻星球，把自己的能量以及从别的星球（主要是火星）劫掠来的财物都转交给了地球，使地球从一个贫瘠荒凉的、丑小鸭般的星球，转变成了一个雍容华贵的、大天鹅般美丽的蓝宝石星球，并具备了一切孕育生命的能力，然后陪伴地球共同创造了大量的由低级到高级、由简单到复杂、由海底到天空各种各样的生命体，特别是有智慧的高等生命，之后就静悄悄

地驻扎在了 38 万千米之外，凝视着自己的杰作，这就是月亮
的前世今生。有诗赞月球曰：

　　银河侧弦一孤帆，雄才伟略觅机缘。

　　太阳率系泛中游，孤胆智攀成族员。

　　一塑体身入内环，二借礼花寻情伴。

　　终将精华付寰球，芸芸众生出银盘。

第十五章 牛顿万有引力定律的缺失

15-1 日全食与重力损失

15-1-1 在 1997 年 3 月 9 日发生于中国东北漠河的日全食，我国的科学家们测出了两次重力损失记录[47]，在其他国家也有测出日全食发生时重力损失的记录。但有时科学家们在日全食时并没有测出有明显重力损失的情况，这是为什么？我们有的科学家就用没有测出重力损失的事实去否定测出有重力损失的事实，这是不应该的。就像天上布满了乌云，接着下雨了；后来又看到天上布满乌云，但是没有下雨，就有人用这次有乌云而没有下雨，去否定曾经布满了乌云接着下雨的事实。其实两者都是客观事实，但为什么天上布满乌云而没有下雨呢？这是因为前者下雨时的各种条件与后者没有下雨时的条件，除了被大家看到的天上布满乌云的情况相同外，其他的因素则有所不同。回到重力损失的情况，除了测试仪器本身的精度和工作状态外，测试仪器的安置方式、测试仪器的安装地点等等，都是影响观测效果的众多因素之一部分。大海有潮汐，有些地方潮起、潮落高低相差十几米，有些地方相差几米，有的地方甚至相差不足 1 米。固体的地壳也有潮汐[48]，只不过地壳的固体潮汐相比液体的海水要小的多，其固体潮的落差程度更小，平坦松软的大地和大山坚硬的岩石地区相比，就存在明显不同的测试环境，选择如此不同的地方，就可能得到不同的测试结果。

15-1-2 幸运的是，在 2017 年 8 月 21 日横跨美国东西两岸、历时数个小时的日全食天文奇观，展现在了全世界所有人面前，有许多次在不同地区直播的日全食过程中，在短暂几分钟里，每个人都可以看到平稳的直播画面，在日全食即将发生时画面出现不正常短暂抖动，在日全食即将结束时，暗色画面又一次出现不正常短暂抖动，显然这些抖动不是人为造成，而是与月亮即将完全遮盖太阳和月亮即将释放被遮盖的太阳有直接关系。这是太阳和月亮发生了巨大尺度的快速震动吗？不可能！出现这种突发颤抖的唯一解释，就是摄影机所在的地面发生了局部地震，才会产生如此高频率的颤抖。地面出现水平方向颤抖的可能性不存在，只能是上下方向的震动，当有上下方向的振动时，就会有电梯下降时出现的重力损失效应。为什么摄影机所在的地面会发生上下方向的震动？这就可解释为，是太阳对地球的吸引使地球处于固体的高潮状态，当月亮遮挡住了太阳的吸引力时，地球的吸引力将地壳拉回到正常状态，于是地面就随地壳一同向下运动，安置在地面的测试仪器就像坐电梯一样会记录下重力损失的情况。这次美国历时 4 个多小时的日全食直播中，不同地区、不同时间屡次发生的摄像机在日全食即将发生和即将结束产生的抖动事实向全世界宣告，日全食现象中出现的重力损失现象是存在的，这说明月亮作为一个中间介质，对太阳与地球之间的吸引力是有影响的，这也证明了牛顿判断两个物体之间的吸引力与中间介质无关的说法是不正确的。

15-2 事实与牛顿万有引力定律

15-2-1 为了方便进行比较，这里重复列出牛顿万有引力定律：任意两个质点有通过连心线方向上的力相互吸引。该引力大小与它们质量的乘积成正比与它们距离的平方成反比，与两物体的化学组成和其间介质种类无关。

我们先从牛顿万有引力定律台面上谈起。任意两个质点只有通过连心线方向上的力在相互吸引吗？不只如此。事实是，一个物体具备通过他的质心对另一物体的所有物质组成部分都存在吸引力。反例就是，人的眼泪并不在人体与地球的连心线上，但眼泪仍然受到地球吸引力的吸引向下流动。

15-2-2 两个物体之间的吸引力大小仅仅与它们质量的乘积成正比吗？除了物体的质量之外，在 2-4 小节中提到的中国科学院资深研究员范良藻教授，发表于《中国工程科学》杂志上"一些金属材料的称重为何升温后减轻降温后变重"的试验报告表明，两个物体之间的吸引力大小与两个物体各自具有的温度高低也有直接的关系，一个物体温度高，该物体拥有的吸引力就大，另一个物体温度低，这个物体拥有的吸引力就小。

15-2-3 两个物体之间的吸引力与两物体的化学组成无关吗？非也！一个小蜡烛火苗，是一个质量极轻的等离子体，它可以吸引被放置在一厘米左右距离的一张纸中的电子脱离原子核的束缚，飞离它原来所在的纸张，使得纸张变黑、变轻；一个化学成分完全不同，但同样是很轻的肥皂泡在相同的距离上，可以把一张纸中的电子吸引着飞离纸张，然后让纸变黑、变轻吗？不可能！两个化学成分不同的物体，它们所表现出来的吸引力大小是不同的。

15-2-4 两个物体之间的吸引力与两物体之间的介质种类无

关吗？不，有关。在本章"15-1 日全食与重力损失"小节中，我们列举的在 2017 年 8 月 21 日横跨美国东西两岸、历时数个小时的日全食天文奇观中，展现给全世界所有人眼前的，有许多次在日全食即将发生时画面出现不正常短暂抖动，在日全食即将结束时，暗色画面又一次出现不正常短暂抖动的事实表明，两物体之间的介质种类对两个物体之间的吸引力有直接影响。

15-2-5 按照牛顿万有引力定律所言，如果两个物体的质量都是固定不变的，在它们之间的距离保持不变的条件下，它们各自具有的吸引力大小相等，方向相反。在地球围绕太阳运转过程中，除了在一月初的近日点和七月初的远日点及其附近，地球其他月份始终在距太阳 1.496 亿千米的轨道上运行。 众所周知，在一年当中，我们完全可以把太阳和地球视为质量是固定不变的，而且在除了一月和七月外，地球与太阳之间的距离也可以说是保持在 1.496 亿千米（1AU）的距离上不变的，所以太阳和地球之间的相互吸引力也是大小不变的，只是方向相反。那么是什么力量使得地球和太阳之间的距离在一月初被压缩到了 1.471 亿千米的近日点，并且在近日点还会产生地球的进动远离太阳的现象；在七月初又是哪里发出的力量，让两个星球的距离增加到 1.521 亿千米的远日点，在远日点为什么不会产生进动远离现象，也没有发生相反的跳跃接近太阳的现象？这些疑问在牛顿万有引力定律中我们都无法得到满意的解答。

15-2-6 接下来我们再从台面上转到台面下，解密牛顿万有引力定律暗含的一些问题。牛顿研究万有引力是直接从两个物体之间的吸引力状况，讨论二元物体之间的互动关系，那么最基本的一个物体本身是否具有吸引力的功能，牛顿并没有进行探究，如果作为基本元素的一个物体的吸引力特性弄不清楚，再把两个蒙着面纱的物体放在一起讨论它们可能的关系，得出的结论十有八九会与真实情况存在差距，这是牛顿的研究方法出了逻辑步骤问题。我们之所以会对牛顿的研究方法提出异议，是因为如果他能从一个物体是否具有吸引力的基本点出发，他一定可以得出一个物体本身也是具有吸引力的，并且单独一个物体的吸引力是具有吸引力和排斥力并存这种二重性的。实例就是太阳自身有吸引力，地球自身也有吸引力，他们二者之间的关系：首先是吸引力方向相反所表现出的相互排斥的关系，然后才是相互吸引的关系，在双方的排斥力与吸引力达到平衡时，才有一个天文单位（1AU）定义的基准出现；当双方的吸引力和排斥力不平衡时，就出现了远日点和近日点以及近日点的行星进动现象。

15-2-7 从缺少对一个物体吸引力性质的考虑，发展到牛顿没有研究第三方物体出现，会对他所讨论的二元物体之间的吸引力产生什么影响，这从侧面支撑他、或者他的后来维护者敢于断言：两个物体之间的吸引力与它们之间的介质种类无关。事实是第三方物体确实可以影响两个物体之间的吸引力，太阳系行星之间的摄动现象就是证明，尽管在《自然哲学的数学原理》中，牛顿也讨论到行星之间的摄动问题，但从牛顿万有引力定律中，找不出第三方物体会对现有两个物体之间的吸引力产生影响的任何蛛丝马迹。在本书作者通读了牛顿的《自然哲学的数学原理》中译本后，并没有找到官方版本的牛顿万有引力定律中那句吸引力"与两物体的化学组成和其间介质种类无关"的定语从句，这一段话或许是后来的有心人添加上的霸王条款。因为没有这个霸王条款排除化学组成和介质种类的介入，牛顿万有引力定律的数学公式就可能失去物理意义，将会出现数学等式两端物理量纲不相同，所以这个这个霸王条款是牛顿万有引力定律成立的必要条件。但是作为严谨的物理学定律，这个定语从句应该是建立在大量物理实验数据基础上的事实总结，可惜古往今来没有哪个科学家或者科研机构给出这方面的验证数据，倒是中国科学家范良藻等人给出了反例。

15-2-8　在力学理论方面，牛顿可以称为力学圣人。但对于吸引力这种非接触性的力，牛顿似乎感到有点难以琢磨，居然找不到力的作用点，所以他只好自我糊弄，对于吸引力根本不提力的三要素之一的力的作用点，以至于几百年来，力学圣人留下的悬案无人敢解，成了理论研究的禁地。由于找不到吸引力的作用点，牛顿就找不到是什么力扭动了地球，使地球旋转了起来，力学圣人只能把地球的自转现象归于看不见的上帝之手在拨动。事实是：吸引力的作用点就在组成被吸引物体的电子身上。

15-2-9　牛顿万有引力定律从出生就带有遗传性错误基因，这源自于开普勒行星运动定律，这是一组伪科学定律。开普勒行星运动三个定律的基础是日心说，即太阳是恒定不动的，但发展到今天的科学技术探明，太阳是在银河系中高速运动着的，太阳系内所有的行星运行轨迹都不可能形成一个闭合曲线，所以行星轨道呈椭圆的说法不成立。而牛顿万有引力定律脱胎于一个虚幻的理论定律，既要能够证明那个不存在的虚幻定律是正确的，又要能够解释现实中的一些客观现象，这就决定了牛顿万有引力定律必须脚踩两只船，横跨正确和错误两边，才能左右逢源，所以牛顿万有引力定律必然要包含错误在其中。

15-3 结束语

15-3-1　本书中提出的绝大多数观点，与现在已经成熟的理论存在格格不入的反差，因为现在占据主流舞台的正统理论，是历经一代又一代科学大师们，呕心沥血、辛勤努力才建立起的一座座雄伟大厦，也是后一代人站在前一代巨人的肩膀上，越站越高的积木式结构。但是有没有人注意探查过，第一代巨人前辈的脚下，是站在了坚实的一大片花岗岩上，还是站在了一个美丽的沙滩上，抑或站在了一个悬崖边凸起的、已有松动迹象的石头上？如果最初的科学巨人前辈是站在了后面两种基础之上，那么今日的成熟理论，也会面临被毁于一旦的可能。现实很无情，当今的物理大厦，确实已经被探测到出现了不止一处或明或暗的裂缝。明处例如：现有物理学无法解释地球因何会自转、公转，这些问题被问数百年而无解答。暗处：吸引力是力，但是不知道吸引力的作用点在哪里，也不知道吸引力同时也具有排斥力的属性，因此人们只讨论吸引力，避而不谈排斥力，导致人们弄不明白行星在近日点为什么会产生进动；太阳黑子为什么有时会诱发地震，为什么有时与地震发生与否毫无关系等等。

15-3-2 希望读者在读完本书后，一是能对本书所提出的各种观点提出批评，在对本书各种观点的批评讨论中，能够更加清晰地辨明牛顿万有引力定律和开普勒行星运动定律的正确与否；二是要建立敢于对有疑问的权威理论，提出合理质疑的批判性思维，若遇正统或传统理论无法解释的自然现象，要能够提出自己独立合理的理论，进行经得起推敲的解释；三是要善于观察那些司空见惯的自然现象，用自己掌握的理论知识进行自我解释，如果解释不通，那么这个自然现象对你来说就是一个不了解科学规律的缺陷，如果一定要弄懂此事，你就要补齐这方面的知识，在补齐所需知识后仍不能解释关注的自然现象，那么这中间可能就存在着理论金矿供你去开发；四是要尽可能多的掌握不同领域的各种知识，使各种知识之间，建立起多维度的联系，这就便于在不同的科学领域中，相互印证，发现其中共同之处和矛盾冲突点，这个矛盾冲突点，很可能就隐藏着现有理论需要改进的契机，成为推动科学理论进步和科技革命的导火索。

15-3-3 科学的进步就是在尊重事实的前提下，不断地验证已有理论，对出现理论与事实不相符的部分，要敢于怀疑和挑战旧理论，提出新观点，不惧旧理论的建立者是什么样的科学巨人。前人建立的经典理论，就是为了被后人创新的理论拿来颠覆而存在。后来者提出的新观点、新理论，不仅要能解释前人经典理论中合理的部分，还要能填补旧理论与事实不符的缺陷，这种颠覆性观点的提出和新理论的建立，就呈现出科学的进步，运用新理论应可以指导人们在实践中走在正确的道路上。进行科学的研究和探索，不仅要说明研究的对象是什么，这只是表面层次的"果"；更要揭示所研究的对象为什么会有表面层次的"果"，一旦研究者探明了深层次的"因"，那么我们就从自然世界的"必然王国"走到了科学世界的"自由王国"。

2019 年 9 月 19 日

注释：

[1] https://baike.baidu.com/item/ 人体静电

[2] Steven Weinberg. The Discovery of Subatomic Particles Revised Edition. Cambridge University Press. 1 September 2003. ISBN 978-0-521-82351-7. "...why when amber is rubbed with fur the electrons go from the glass to the silk? Oddly enough, we still don't know."

[3] https://baike.baidu.com/item/ 力 /7184503#3 【引用日期 2017 年 8 月 30 日】

[4]《中国工程科学》2007 年第 11 期，第 96 页【引用日期 2017 年 8 月 24 日】

[5]《中国工程科学》（英文版）2010 年 6 月第 2 期，第 9 页 【引用日期 2017 年 8 月 24 日】

[6] 百度百科，https://baike.baidu.com/item/ 万有引力定律 /101452 【引用日期 2017 年 8 月 24 日】

[7] http://www.lihuawang.com/ 【引用日期 2017 年 8 月 24 日】

[8] http://www.lihuawang.com/ 【引用日期 2017 年 8 月 24 日】

[9] www.tudou.com/programs/view/G2VT1B-02SU/ 【引用日期 2017 年 8 月 24 日】

[10] 百度百科 https://baike.baidu.com/item/ 卡文迪许扭秤 以及 http://chiuphysics.cgu.edu.tw/yun-ju/cguweb/sciknow/phystory/cavendish/Cavendish.htm 【引用日期 2017 年 8 月 24 日】

[11] https://share.america.gov/zh-hans/ 关于北极的信息 %ef%bc%9a 温度升高、积雪减少及其他 / 【引用日期 2017 年 8 月 30 日】

[12] https://cn.nytstyle.com/international/20171221/everest-death-zone/ 【引用 2017 年 12 月 31 日】

[13] https://baike.baidu.com/item/ 长征四号运载火箭 【引用日期 2017 年 8

月 30 日】

14 https://zhidao.baidu.com/question/8338877.html 【引用日期 2017 年 8 月 30 日】

15 http://tv.sohu.com/20130620/n379379657.shtml 【引用日期 2017 年 8 月 30 日】

16 http://www.guokr.com/question/576711/ 【引用日期 2017 年 8 月 30 日】

17 http://wenda.chinabaike.com/html/200912/q752247.html 【引用日期 2017 年 8 月 30 日】

18 https://baike.baidu.com/item/ 地核 /797312【引用日期 2017 年 8 月 30 日】

19 http://news.xinhuanet.com/science/2016-10/21/c_135763255.htm 【引用日期 2017 年 8 月 30 日】

20 https://baike.baidu.com/item/ 电离层 【引用日期 2017 年 8 月 30 日】

21 https://baike.baidu.com/item/ 电子跃迁 【引用日期 2017 年 8 月 30 日】

22 https://zh.wikipedia.org/wiki/ 太阳风 【引用日期 2017 年 8 月 30 日】

23 https://baike.baidu.com/item/ 极光 /33871【引用日期 2017 年 8 月 30 日】

24 http://www.baike.com/wiki/ 冷空气 【引用日期 2017 年 8 月 30 日】

25 https://baike.baidu.com/item/ 金星 /19410【引用日期 2017 年 8 月 30 日】

26 https://zh.wikipedia.org/wiki/ 转轴倾角 【引用日期 2017 年 8 月 30 日】

27 https://baike.baidu.com/item/ 火星 /5627 【引用日期 2017 年 8 月 31 日】

28 https://zh.wikipedia.org/wiki/ 火星 【引用日期 2017 年 8 月 31 日】

29 https://baike.baidu.com/item/ 摄动 【引用日期 2017 年 8 月 31 日】

30 中国科学 : 物理学 力学 天文学 2011 年 第 41 卷 第 6 期，涂良成等：万有引力常数 G 的精确测量

31 https://baike.baidu.com/item/ 卡戎 /26353【引用日期 2019 年 6 月 28 日】

32 https://baike.baidu.com/item/ 月球距离 【引用日期 2019 年 6 月 28 日】

33 https://new.qq.com/omn/20180628/20180628A07E8T.html

34 https://baike.baidu.com/item/ 转轴倾角 【引用日期 2019 年 6 月 28 日】

35 https://baike.baidu.com/item/ 木星 /222105【引用日期 2017 年 8 月 31 日】

36 http://www2.ess.ucla.edu/~jingli/KBchinese/binary.html 【引用日期 2017 年 8 月 31 日】

37 http://www.nsfc.gov.cn/publish/portal0/tab92/info16494.htm 【引用日期 2019 年 6 月 29 日】

38 http://news.youth.cn/jsxw/201703/t20170303_9208739.htm

39 https://solarsystem.nasa.gov/planets/mercury/facts 【引用日期 2017 年 8 月 31 日】

40 https://baike.baidu.com/item/ 双星系统 【引用日期 2017 年 8 月 31 日】

41 https://zh.wikipedia.org/wiki/ 冥王星 【引用日期 2017 年 9 月 1 日】

42 https://baike.baidu.com/item/ 谷神星 /2746376 【引用日期 2017 年 9 月 1 日】

43 https://baike.baidu.com/item/ 月球陨石坑

44 https://zh.wikipedia.org/wiki/ 月球 【引用日期 2017 年 9 月 1 日】

45 https://baike.baidu.com/item/ 地月系 【引用日期 2017 年 9 月 1 日】

46 https://baike.baidu.com/item/ 潮汐锁定 【引用日期 2019 年 6 月 29 日】

47 《科学通报》 2001 年 12 期

48 https://baike.baidu.com/item/ 固体地球潮汐 /12472958 【引用日期 2019 年 6 月 30 日】

注释